单室多推力
固体推进剂发动机

Single Chamber Multi-thrust Solid Propellant Motors

卜昭献 覃光明 李宏岩 著

国防工业出版社

·北京·

图书在版编目(CIP)数据

单室多推力固体推进剂发动机/卜昭献,覃光明,李宏岩
著. —北京:国防工业出版社,2013.4
ISBN 978-7-118-08623-2

Ⅰ.①单… Ⅱ.①卜…②覃…③李… Ⅲ.①固体
推进剂火箭发动机 Ⅳ.①V435

中国版本图书馆 CIP 数据核字(2013)第 044110 号

※

国防工业出版社出版发行

(北京市海淀区紫竹院南路23号 邮政编码100048)
国防工业出版社印刷厂印刷
新华书店经售

*

开本 710×1000 1/16 印张 13¼ 字数 225 千字
2013 年 4 月第 1 版第 1 次印刷 印数 1—2000 册 定价 80.00 元

(本书如有印装错误,我社负责调换)

国防书店:(010)88540777   发行邮购:(010)88540776
发行传真:(010)88540755   发行业务:(010)88540717

致读者

本书由国防科技图书出版基金资助出版。

国防科技图书出版工作是国防科技事业的一个重要方面。优秀的国防科技图书既是国防科技成果的一部分,又是国防科技水平的重要标志。为了促进国防科技和武器装备建设事业的发展,加强社会主义物质文明和精神文明建设,培养优秀科技人才,确保国防科技优秀图书的出版,原国防科工委于 1988 年初决定每年拨出专款,设立国防科技图书出版基金,成立评审委员会,扶持、审定出版国防科技优秀图书。

国防科技图书出版基金资助的对象是:

1. 在国防科学技术领域中,学术水平高,内容有创见,在学科上居领先地位的基础科学理论图书;在工程技术理论方面有突破的应用科学专著。

2. 学术思想新颖,内容具体、实用,对国防科技和武器装备发展具有较大推动作用的专著;密切结合国防现代化和武器装备现代化需要的高新技术内容的专著。

3. 有重要发展前景和有重大开拓使用价值,密切结合国防现代化和武器装备现代化需要的新工艺、新材料内容的专著。

4. 填补目前我国科技领域空白并具有军事应用前景的薄弱学科和边缘学科的科技图书。

国防科技图书出版基金评审委员会在总装备部的领导下开展工作,负责掌握出版基金的使用方向,评审受理的图书选题,决定资助的图书选题和资助金额,以及决定中断或取消资助等。经评审给予资助的图书,由总装备部国防工业出版社列选出版。

国防科技事业已经取得了举世瞩目的成就。国防科技图书承担着记载和弘扬这些成就,积累和传播科技知识的使命。在改革开放的新形势下,原国防科工委率先设立出版基金,扶持出版科技图书,这是一项具有深远意义的创举。此举势必促使国防科技图书的出版随着国防科技事业的发展更加兴旺。

设立出版基金是一件新生事物,是对出版工作的一项改革。因而,评审工作需要不断地摸索、认真地总结和及时地改进,这样,才能使有限的基金发挥出巨大的效能。评审工作更需要国防科技和武器装备建设战线广大科技工作者、专家、教授,以及社会各界朋友的热情支持。

让我们携起手来,为祖国昌盛、科技腾飞、出版繁荣而共同奋斗!

国防科技图书出版基金

评审委员会

前言 Preface

近几年,单室多推力固体推进剂发动机,作为战术导弹、水下动力推进装置和其他飞行器的动力推进系统,已陆续得到了应用。与多个单级推力发动机相组合的推进系统相比,它具有结构紧凑、质量轻和推进效能高等优点。应用实践表明,这种新型动力推进形式,能使导弹和飞行器的结构性能、飞行性能和使用性能得到显著提高,已越来越受到总体部门和使用部门的关注。

在这种类型发动机的设计和性能计算中,还没有较系统的书籍用作工程设计的参考。本书作者结合多年的工程设计实践,总结单室双推力、单室三推力产品发动机设计、研制的经验,单室四推力发动机试验研究的体验,较系统地阐述了单室多推力固体推进剂发动机的工程设计方法、所依据的理论和研制中遇到的问题。

本书共分7章。第1章,重点介绍单室多推力发动机推力方案,需控制的弹道性能参数和总体结构特点等。第2章,借助固体推进剂发动机原理教程的相关内容,列出推导单室多推力发动机理论计算与性能分析的守恒方程,导出理论计算和工程设计的计算公式。第3章,重点介绍长时间工作的单室多推力发动机,在热防护设计、结构密封设计和组合结构喷管设计及选材等方面,与单级推力发动机的不同。第4章,从发动机设计技术要求到推进剂选择与性能计算,从组合药形设计到内弹道计算,从发动机性能初步估算到弹道性能的详细计算,结合设计实例,给出单室多推力发动机的工程设计计算方法。第5章,着重叙述了组合药柱成形工艺与单级药柱成形工艺的不同;组合药柱及装药包覆的缺陷,组合装药常见故障及质量控制。对一些缺陷引起的故障,作者根据设计和研制实践的体会进行了分析,并依据试验排查验证的结果,提出设计和工艺质量控制的要点。第6章,根据单室多推力发动机的使用特点,结合国内外使用分立式组合装药,径向分层组合装药等形式,介绍几种有应用前景的不同多推力发动机,为专业研究人员发挥奇思妙想,开拓多推力发动机设计新思路提供参考。第7章,主要对多级推力组合装药功能设计、高装填密度组合装药性能设计的可行性、发动机弹道性能参数适用范围、单室多推力发动机使用的局限性等,根据产品使用情况进行了分析,也供专业研究人员参考。

在阅读本书之前,作者认为读者已掌握了固体推进剂发动机专业的有关知识,在叙述和推导中作了很多简化,需要时还需查阅有关专业书籍的内容。

本书由王宁飞研究员、王春利教授、鲍福廷教授、李尚文研究员等专家审阅,并提出了很多宝贵意见,在此,谨向他们表示诚挚的感谢。

鉴于作者水平有限,书中一定会有错误和不妥之处,敬请读者批评指正。

著作者于西安

2013 年 1 月

目录 Contents

Single Chamber Multi-thrust Solid Propellant Motors

Contents

Single Chamber Multi-thrust Solid Propellant Motors

XV

符 号 含 义

A——喷管(燃气容积控制体)横截面积

A_t——喷管喉面积

a——声速

A_e——喷管出口面积

A_{np}——通气参量

C_p——燃气定压比热

C_V—— 燃气定容比热

C_D——流量系数

C_F——推力系数

C^*——特征速度

D_p——药柱外径

D_x——星形药形的顶圆直径

D_g——管槽药形的内孔直径

D_i——内外燃管形药形的内孔直径

D_w——内外燃管形药形的外圆直径

D_e——喷管出口直径

D_t——喷管喉部直径

$E(e)$——燃层厚度

F——发动机理论推力

F_{cp}——发动机平均推力

h,h_0——燃气的焓,总焓

h——药形内孔深度

i——瞬时值

I_0——发动机总冲

I_{sp}——推进剂比冲

I——穿透药柱的强度

I_0——激光穿透药柱前强度

k——比热比,余量系数

K_F——推力比

L_p——药柱长度

L——特征长度

m——质量流率

M—— 马赫数

m_c——点火前后发动机质量差

n——压强指数,星角数

p_a——环境压强

p_b——燃终压强

p_c——燃烧室压强

p_e——喷管出口压强

p_0——起始压强,燃气总压(滞止压强)

p_{lj}——推进剂临界压强

R^0——通用气体常数

R——燃烧产物气体常数

r——星尖半径

r_1——星根半径

S—— 气体的熵

S_b——燃烧面积

T——燃气温度

T_0——燃气流动的滞止温度

T_e——燃气在喷管出口处温度

t_0——始燃时间

t_b——燃终时间

t_a—— 发动机工作时间

"$t_{bF} - t_{0z}$"——发射级向增速级过渡时间

"$t_{bZ} - t_{0x}$"——增速级向续航级过渡时间

"$t_{bx} - t_{0j}$"——续航级向加速级过渡时间

"t_{bj}——t_a"——加速级压强曲线下降时间

t_{gz}、t_{gx}、t_{gj}——分别为发射级向增速级、增速级向续航级、续航级向加速级过渡时间

u_1——燃速系数

u——推进剂燃速

v—— 排气速度

v_e——喷管出口平面流速(排气速度)

w_{BF}——装药包覆质量

w_p——药柱质量

ρ—— 燃气密度

Y_p——推进剂比重

α_p——压强对温度的敏感系数

$\theta(Q)$——星边夹角

$\varepsilon(E^*)$——星角系数

$\mu_{水}$——水对激光吸收系数

$\mu_{空气}$——空气对激光吸收系数

"F,Z,x,j"——注脚,分别表示发射级、增速级、续航级和加速级参数。

概　述

　　战术导弹的飞行弹道,一般由发射离轨、增速飞行、等速续航、高速攻击等飞行段组成。为了满足各飞行段的动力推进要求,常采用两台以上发动机,并联或串联在一起组成动力推进系统。这种动力系统在国内外装备的导弹上已被广泛采用。从 20 世纪 80 年代开始,国内外陆续采用单室双推力固体推进剂发动机,实现用一台发动机,连续为导弹增速和续航飞行提供动力。以色列的"蝰蛇"(VIPER),"火焰"(FLAME),法、德联合研制的"米兰"(MILAN)反坦克导弹等,都应用了单室双推力动力推进技术。在 20 世纪 90 年代中后期,我国定型并装备的某型号重型反坦克导弹,其飞行发动机也是采用单室双推力动力推进技术,并与发射发动机一起形成三级变推力动力系统,用于导弹全程飞行。从 2001 年,在我国研制的某型号空地导弹上,又首次采用单室三级变推力动力推进技术,实现了用一台单室三推力发动机,为导弹发射、增速和续航提供全程飞行动力。2006 年该导弹设计定型。

　　由于单室多推力发动机实现了一机多功能,与多台发动机相比,具有结构紧凑、质量轻和推进效能高等优点,使导弹的结构性能、飞行性能和使用性能显著提高。

　　研究和应用结果表明,多推力组合装药技术是单室多推力发动机的核心技术,包括组合装药设计,不同推进剂和不同药形的组合,以及组合装药成形技术等。近年,单室三推力组合装药发动机的应用和四推力组合装药发动机的研发,呈现出这种新型装药发动机的使用特点。

　　首先,用一台单室多推力组合装药发动机,可实现多功能。

　　功能较全的是单室四推力发动机。

　　第一级,常称为发射级。

　　这一级可为导弹发射提供短燃时大推力的发射动力,以保证导弹离轨时具有足够的初速;对小角度发射的导弹,以足够的初速来减少发射导弹时的弹道下沉量。

　　第二级常称为增速级。

　　这一级的主要功能为:

（1）为导弹在初始段增速飞行提供动力。

（2）对于采用飞行过载解脱安全保险的导弹，可增加解脱导弹保险的距离，实现在距发射平台较远的距离上，为导弹提供解脱保险的纵向过载，增大了发射和初始段的安全距离。这对机载、车载和舰载导弹发射和使用安全，提供了可靠保障。

（3）增速级提供的较高推力，也为导弹初始段高速飞行提供动力，能有效缩短飞行时间，增大射程。

第三级是续航级。

其功能主要为导弹提供续航飞行的动力，在这一飞行段，可保持导弹高速平飞或等速飞行，使其达到足够的射程，并大大缩短导弹飞行时间。装药续航级的最大特点是，可根据需要增加续航级药柱的长度，即增加续航级推进剂质量，从而达到增加射程的目的，这是其他类型装药难以实现的。

第四级常称为加速级。

对装有爆破，穿甲或侵彻类型战斗部的导弹，为了有效击毁目标，在飞抵目标时，需有较高的着靶速度和足够的许用过载，加速级可提供足够的冲量和推力，以保证导弹着靶时具有所需的歼毁速度和控制力。

其次，可用相同长度和直径的多推力组合装药，实现多用途。

以四级多推力装药为例，对这四级动力推进功能，可以根据使用要求进行裁剪。如，歼击机发射导弹时，已具有较高的飞行速度，导弹相对发射筒或发射导轨出口的初速可以降低，则可去掉短燃时大推力易产生扰动的发射级；直升机发射平台高，也不需要像地面平台上发射导弹时那样高的初速，也可去掉发射级。在不改变装药尺寸情况下，就可剪裁成增速—续航—加速三级变推力装药。有些导弹，如装有破甲型战斗部的导弹，为有利于保证炸高，不要求很高的着靶速度，则可去掉第四级，剪裁成发射—增速—续航三级变推力装药。同样根据需要，可去掉发射级和加速级，剪裁成增速—续航双推力装药。对这种相同尺寸装药进行多功能、多用途设计，利于实现导弹的系列化。

另外，采用高装填密度设计的单室多推力组合装药发动机，可实现导弹或飞行器的远程、高速飞行。

根据远程高速飞行的需要，当续航级采用低压下具有高燃速推进剂的条件下，能增加发射和增速级的装药量，就可为导弹增速飞行提供较大推力和推力冲量。通过发射和增速级装药设计，使其达到足够的装药量，能为导弹飞行提供较大的飞行速度；再以能长时间工作的续航级提供的大装药量，为导弹飞行提供长时间的续航动力，用以克服飞行阻力和导弹的重力，并保持较高的飞行速度，就可以大大减少无动力飞行时间，提高平均飞行速度，实现远程高速飞行。

第 1 章 发动机总体设计

　　单室多推力固体推进剂发动机与单级推力发动机相比,主要差别在于发动机的设计技术要求中,对推力方案要求不同。单级推力发动机的推力方案较为简单,弹道参数的确定较为简便,也容易满足设计技术要求;而单室多推力发动机的弹道参数要求较为复杂,推力方案也各有不同,需满足的弹道性能参数较多,要对装药药形设计、推进剂选择、性能确定等环节进行仔细的分析、设计和计算,才能较全面地满足单室多推力发动机设计技术要求。

1.1　推　力　方　案

　　推力方案是导弹总体对发动机最重要的综合性能要求,就是对各级推力和时间参数给出数值范围要求。通过发动机装药药形设计和性能设计,要在推力随时间变化的曲线上,反映出各级推力和时间参数与技术要求相符,并要与试验结果相一致。

1. 单室双推力

　　单室双推力发动机的推力方案,是以两级不同数值的弹道参数确定的。第一级常为高推力级,用作导弹起飞、发射或增速动力,常称发射级或增速级;第二级常用作续航动力,称续航级。典型的推力方案曲线如图 1 - 1 所示。

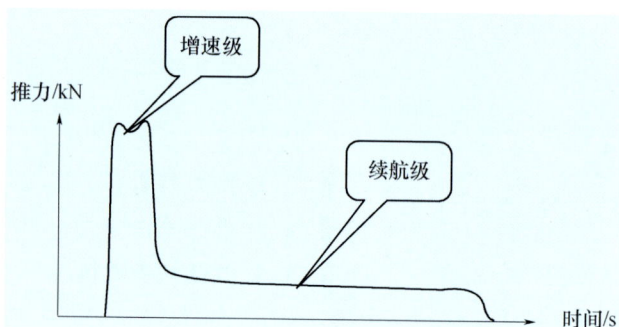

图 1 - 1　单室双推力方案曲线

　　在发动机设计技术要求中,其弹道参数常由以下参数来确定:
　　(1) 增速级平均推力和燃烧时间;
　　(2) 续航级平均推力和燃烧时间;
　　(3) 发动机总工作时间;
　　(4) 发动机总推力冲量。

2. 单室三推力

单室三推力发动机的推力方案,是以三级不同数值的弹道参数确定的。由于总体的功能需求不同,推力方案的形式也有不同。

1) 发射—增速—续航型

其推力方案曲线如图1-2所示。这种推力方案的单室三推力发动机,可为导弹的发射、增速与续航飞行提供动力。

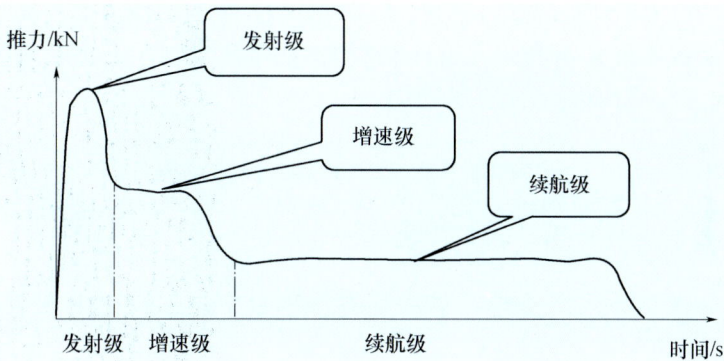

图1-2　带发射级单室三推力方案曲线

2) 增速—续航—加速型

其推力方案曲线如图1-3所示。这种推力方案的单室三推力发动机,可为导弹的增速、续航和加速飞行提供动力。

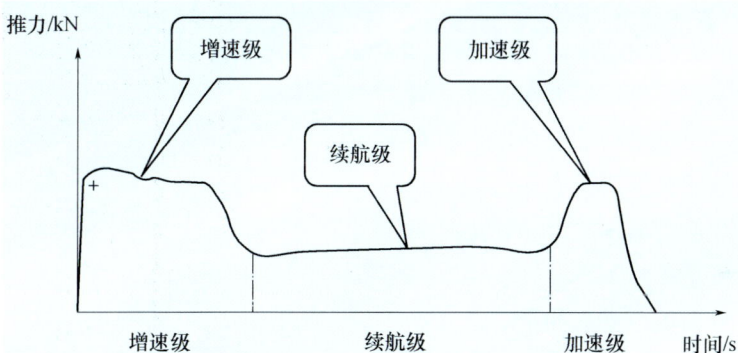

图1-3　带加速级单室三推力方案曲线

单室三推力发动机设计要求中,其弹道参数常由以下参数来确定:

(1) 发射级平均推力和燃烧时间(对发射—增速—续航型);

（2）增速级平均推力和燃烧时间；

（3）续航级平均推力和燃烧时间；

（4）加速级平均推力和燃烧时间（对增速—续航—加速型）；

（5）发动机总工作时间；

（6）发动机总推力冲量。

3. 单室四推力

单室四推力发动机的推力方案，是以四级不同数值的弹道参数确定的。其推力方案曲线如图 1-4 所示。这种推力方案的单室四推力发动机，可为导弹的发射、增速、续航与加速飞行提供动力。

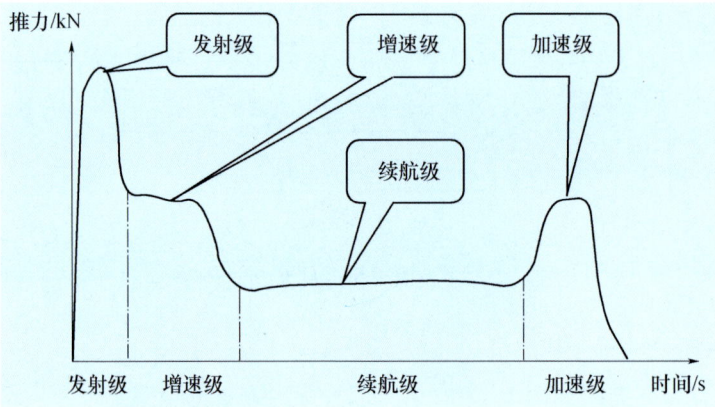

图 1-4 单室四推力方案曲线

单室四推力发动机设计要求中，其弹道参数包括各级参数要求：

（1）发射级平均推力和燃烧时间；

（2）增速级平均推力和燃烧时间；

（3）续航级平均推力和燃烧时间；

（4）加速级平均推力和燃烧时间；

（5）发动机总工作时间；

（6）发动机总推力冲量。

4. 工作时间的分配

在发动机设计技术要求中，给出的各级工作时间要求，是根据导弹飞行弹道的需要进行合理分配的结果。多推力装药药形及推进剂燃速的大小，要依据这些总体参数要求确定。

1）发射级时间

发射级要在导弹发射的初始瞬间，为导弹发射提供较大的初始推力冲量，以保证足够的发射初速。有的导弹发射，要求在发射筒内或离轨前发射级工作结束。在各级工作时间中，发射级工作时间最短，大多在0.6s～1.0s范围。

2）增速级时间

增速级的工作时间要比发射级长，由于导弹的飞行弹道和飞行要求不同，工作时间也有不同，一般在1s～5s。在增速级工作时间内，继续使导弹增速并尽快使导弹飞离载机或其他发射平台。由增速级为导弹飞行提供的较大推力和冲量，使导弹保持较高的飞行速度，以缩短导弹飞行时间。

3）续航级时间

续航级的工作时间最长，现装备的导弹续航时间在12s～28s，有的续航时间更长。在这一飞行时间段，可保持导弹高速平飞或等速飞行，使其达到足够的射程。

4）加速级时间

加速级工作时间，常要根据导弹的飞行末速和许用过载要求而定。大多数导弹在飞抵目标时，需有足够的飞行速度和许用过载，以保证导弹在歼毁目标时具有足够的控制力。

1.2　总 体 结 构

单室多推力发动机的总体结构与单级推力发动机也有不同。前者要兼顾多种动力推进要求，包括提供发射、增速、续航及加速动力等。设计上追求的是发动机的推进效能和满足要求的各种推进功能。在导弹总体布局上，常将发动机布置于导弹的质心附近，这样可减少由于装药燃烧所引起的导弹质心位移量，有利于导弹的控制和结构布局。为实现上述布置，发动机的总体结构也要适应导弹总体布局的需要，常采用两种典型的总体结构。

1. 带长尾喷管结构

带长尾管的发动机，是将装药燃烧产生的燃气，通过燃气导流管从导弹尾部排出。采用这种结构的导弹发动机较多，如，国外的"蝰蛇"（VIPER）、"火焰"（FLAME）单室双推力导弹发动机等；我国某型号导弹单室三推力发动机，某型号导弹单室双推力发动机等，都采用了燃气导流的长尾喷管结构形式。

2. 斜置多喷管结构

除采用长尾喷管从导弹尾部排出燃气外,另一种形式是采用斜置多喷管,将燃气从导弹弹体侧面排出。这种结构不仅在单室多推力发动机的导弹上采用,在多发动机组装的导弹上也采用,都是为减少由于装药燃烧所引起的导弹质心位移量,适应导弹总体结构布局的需要。如我国某型号导弹的单室双推力发动机,某型号多用途导弹的单室双推力发动机,国外的 TOW 式、HOT 等反坦克导弹的组合发动机等,都采用了斜置多喷管结构,有的采用双喷管,有的采用四喷管。

为适应上述导弹总体布局的需要,要根据单室多推力发动机的结构特点和长时间工作等条件,合理进行发动机结构设计和性能设计。

单室多推力发动机的其他结构设计内容,均与单级推力发动机相同。

1.3　总体特性术语

在单室多推力固体推进剂发动机的论述中,用到一些固体推进剂发动机书籍中没有碰到的专业术语,根据这种类型发动机设计和应用特点,用这些具有总体特性的技术术语,能确切表述一些新的概念,表征这种发动机的总体特性,赋予一些性能参数及设计参数新的定义,以及提出一些新的设计概念等,以便更好地了解这种新型发动机的设计方法、性能特点及应用中的问题。

1. 适用压强范围

适用压强范围是指推进剂的综合性能得到充分发挥的压强范围。常指装药技术要求中,需能满足装药弹道性能指标参数要求的压强范围。

2. 组合装药

组合装药是指采用不同燃速推进剂和不同药形,不同燃速推进剂和相同药形,相同燃速推进剂和不同药形相组合的整体装药。该装药在单一的燃烧室内燃烧,可产生多级推力。

3. 分立组合装药

分立组合装药是指由多级推力组合装药与单级推力装药分别独立组装的装药。该装药在单一的燃烧室内燃烧,可产生多级推力。

4. 等截面药形

等截面药形是指药柱横截面的形状及截面面积沿药柱轴向不变的药形。该药形药柱可采用螺压工艺成形。

5. 变截面药形

变截面药形是指药柱的横截面形状及截面面积沿药柱轴向按一定规律变化的药形。该药形药柱需采用浇铸工艺成形。

6. 装填设计

装填设计是指发动机设计中,对装药装填结构和装填性能进行的设计。

7. 装填结构设计

装填结构设计主要是围绕装药的安装与定位,装药的缓冲、密封、尺寸和温度补偿等结构进行设计,使装药满足发动机各种受力要求。

8. 装填性能设计

装填性能设计指对装药装填性能进行合理的设计,在保证所需装药量的条件下,将发动机装填参量设计在合适范围内。

9. 装填参量

装填参量主要指发动机装药的装填密度(体积装填系数)ξ_v、装填(截面)系数 ξ、通气参量 æ、喉通比 J、综合通气参量 $æ_1$。

装填密度(ξ_v)指固体推进剂发动机装药药柱所占容积与发动机燃烧室自由容积之比。

装填系数(ξ)指固体推进剂发动机燃烧室内,药柱横截面积与燃烧室自由横截面积之比。

通气参量(æ)指装药药柱燃烧面积与燃气通气面积之比。

喉通比(J)指喷管喉部面积与燃气通气面积之比。

综合通气参量($æ_1$)指面喉比、通气参量,以及药柱燃烧面积与端面积之比这三个量的乘积。

10. 高装填密度装药设计

高装填密度装药设计,也属于装药装填性能设计的范畴。在燃烧室有效的容积内,通过装药设计,使发动机的装填密度最大。

11. 饱和设计状态

饱和设计状态指高装填密度装药设计中,发动机的装填密度接近临界值,或通气参量接近推进剂的临界值,将这种装填设计状态称为饱和设计状态。

12. 相关性设计

相关性设计指装药燃烧面积随燃层厚度的变化,所选推进剂燃速随压强的变化,与燃烧室压强随燃烧时间变化的相关性,通过相关性设计使发动机推力随时间变化符合推力方案要求。

13. 推进强度

将推进剂燃速与装药药柱燃烧面积的乘积 $u \times s_b$ 称为推进强度,是改变和影响发动机推力大小最活跃的组合参数。

14. 交付比冲

交付比冲也可称密度比冲,是指推进剂比冲与推进剂药柱密度的乘积 $I_{sp} \cdot r_p$。交付比冲越大,发动机推进效能越高。

15. 质量比

质量比是指固体推进剂发动机(或推进装置)装药药柱的质量与发动机总质量之比。

16. 冲量质量比

冲量质量比指固体推进剂发动机(或推进装置)推力冲量与发动机总质量之比。

17. 推力质量比

推力质量比指固体推进剂发动机(或推进装置)平均推力(最大推力)与发动机总质量之比。

18. 推力比

推力比是指单室多推力发动机各级间平均推力之比。一般地,以续航级或推力最小的那一级平均推力为1,其他各级平均推力与这一级平均推力之比,为相应各级的推力比。

19. 最大推力比

最大推力比指平均推力最大的那一级与平均推力最小的那一级平均推力(一般是续航级)之比,该参数所表征的性能只是多推力发动机推力容量的大小,属于设计参数,不是表征发动机推进效能高低的设计质量参数。

20. 临界推力比

单室多推力发动机的续航级或最小推力级,燃烧室低温下最小压强接近续航推进剂的临界压强,而发射级高温最大压强接近发射级推进剂适用压强的上限,该发动机的最大推力比已达到最大值。将该推力比称为临界推力比。

Chapter 2

Motor performance calculation

第 2 章 发动机性能计算

　　不论是单级推力还是多级推力固体推进剂发动机,其工作原理都是固体推进剂装药在发动机燃烧室内燃烧,将推进剂的化学能转化成热能,生成的燃气流经发动机喷管,在流动中将燃气热能又转换成燃气流动的动能,在装药燃烧时间内,产生反作用冲量,形成反作用推力,为导弹或飞行器提供动力。推力是发动机最重要的弹道性能参数之一。飞行力学、工程热力学和气体动力学有关理论,揭示了反作用推力形成的机理,依此,可推导发动机推力的原理表达式;在一定假设条件下,又可推导出推力和其他性能参数的理论计算公式;经等量转换,还可推导出一些性能参数的工程计算公式。由于单室多推力发动机推力级数多,各级推力间内弹道参数变化大,弹道性能参数的计算要比单级推力复杂,更需要根据发动机设计的基本原理和相关理论计算公式,进行推导和等量转换,按较简单的工程计算公式,设计和计算单室多推力发动机的性能。在采用发动机试验来测定推进剂性能时,还需推导出发动机主要性能参数的试验处理公式。

2.1　性能计算的理论依据

2.1.1　推力的形成及原理公式

1. 发动机受力分析

　　现以发动机内腔作为控制容积体,其受力示意图如图 2－1 所示。

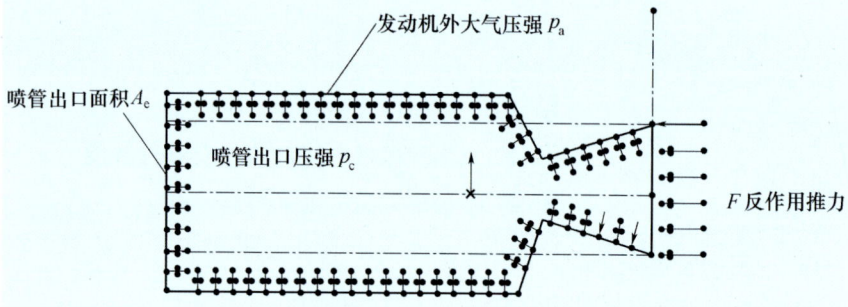

图 2－1　发动机内腔控制容积体的受力示意图

　　对该控制容积体的各种压强力,流动产生的动量,及与控制容积体几何参数之间的关系进行分析,说明发动机推力的形成原理,推导出推力原理公式。

2. 推力的原理公式

　　由牛顿定律,作用在发动机控制容积体上各力的轴向分量,等于其动量轴向分量随时间的变化率。发动机所受力的轴向分量是由压强作用力和反作用力组

成的;而动量变化则仅由流过喷管出口平面的燃气流动产生,并由燃气流的质量
秒流量,燃气流经喷管出口平面的排气速度所决定。在控制容积体内,包括待燃
烧的药柱,及其他结构件都是相对静止的,速度为零。因控制容积体是轴对称
的,作用在径向的压强力和压强力的径向分量都互相抵消而不产生轴向力。

由此,作用在控制容积体的压强力和反作用力的轴向分力为

$$F + p_a \cdot A_e - p_e \cdot A_e$$

动量的变化率为

$$m \cdot v_e$$

根据牛顿定律,推力的原理公式为

$$F = m \cdot v_e + p_e \cdot A_e - p_a \cdot A_e$$
$$= m \cdot v_e + (p_e - p_a) \cdot A_e \qquad (2-1)$$

式中:F 为推力;m 为质量秒流量;v_e 为喷管出口平面流速(排气速度);p_e 为喷管
出口面压强;p_a 为环境压强;A_e 为喷管出口面积。

3. 推力原理公式分析

在推力的原理公式中,第一项为质量流率与喷管出口速度的乘积 $m \cdot v_e$,常
将这一项称为动推力,其大小取决于质量流率和喷管出口速度,占推力份额较
大。发动机产生的总冲值越大,所获得的动推力越大;推进剂的能量越高,并在
装药设计和发动机设计时,使推进剂的化学能转换成热能,再经喷管转换成排出
燃气的动能,这些转化的效率越高,生成的动推力越大。第二项 $(p_e - p_a) \cdot A_e$
常称为静推力。其大小与所设计喷管的工作状态有关。p_e 与 p_a 的差值随喷管的
设计状态不同,有 $p_e > p_a$(欠膨胀)、$p_e < p_a$(过膨胀),$p_e = p_a$ 三种状态。常将
$p_e = p_a$ 时,$F = m \cdot v_e$ 称为特征推力。导弹在高空飞行时,随飞行高度增加,环境
大气压减小,发动机推力也有所增加。

很明显,进行分析计算时,必须在一定假设条件下,根据工程热力学理论,推
导出燃气流经喷管出口平面的排气速度 v_e 和发动机的质量秒流量 m。并将其代
入式(2-1)中,得到用于计算和分析的推力理论计算公式。

2.1.2 准一元流理论及假设

准一元流理论是根据气体热化学理论,对推导各种方程的理想化。在推导
发动机推力,比冲和燃烧室压强等参数的理论计算公式中,常将装药在发动机燃
烧室内燃烧和流经喷管的燃气流,假设为准一元燃气流,这些理想化的假设

包括：

（1）燃气在喷管中流动按时间说是定常的一维流动；

（2）在喷管每一横截面的流动特性都是均匀的；

（3）燃气在喷管中瞬间的流动，还来不及与外界进行热交换，假设是绝热的；

（4）燃气流体的流动不对外作功，并忽略燃气流动与壁面的摩擦，为等熵流动；

（5）流经喷管的燃气为均质的理想气体，其热容量为常数。

按照上述假设推导准一元流各种性能参数的理论计算公式，尽管会给所计算的参量值带来一定的不准确性，但同样能得到根据极少假设推导更加复杂公式计算的大部分重要结果，而且计算结果与实验结果的符合程度较好。因此准一元流理论在性能参数计算、性能分析和工程计算中都得到了广泛的应用，是发动机工程设计的重要理论基础。

2.1.3　准一元等熵流守恒方程及热力学函数

为了给出推力原理公式中的排气速度和质量秒流量特征量，需按照上述假设，根据热力学和气体动力学理论，推导出表征这两个特征量的理论计算公式。现借助有关固体推进剂发动机原理教科书的有关结果，给出准一元流的质量守恒方程、动量守恒方程、能量守恒方程、理想气体状态方程、等熵方程、热力学函数及喷管面积公式等，并依此导出推力原理公式中的质量秒流量（质量流率）和排气速度。

1. 准一元等熵流守恒方程

准一元等熵流是指经上述各项假设的燃气流。其燃气流特性参量之间的关系，可通过下述方程来描述，也依据这些基本方程和定义式，推导出设计计算所需要的理论计算公式。

质量守恒方程：　　$\rho \cdot v \cdot A = m =$ 常量

动量守恒方程：　　$\rho \cdot v \cdot (dv/dx) + (dp/dx) = 0$

能量守恒方程：　　$h + v^2/2 = h_0 =$ 常量

理想气体状态方程：　　$p = \rho \cdot R \cdot T$

气体的焓：　　$h = c_p \cdot T =$ 常量

气体的熵：　　$S =$ 常数

比热比：
$$k = c_p / c_V$$

式中：ρ 为燃气密度；v 为燃气流速；A 为喷管(燃气容积控制体)横截面积；p 为燃气压强；h, h_0 为燃气的焓，总焓；R 为单位质量燃气的气体常数；T 为燃气温度；k 为比热比；c_p 为燃气定压比热；由假设，$c_p = (\partial h / \partial T)_p$ 为常数；c_V 为燃气定容比热；S 为气体的熵。

由 $S =$ 常数，推出的等熵绝热方程为

$$P/T(k/(k-1)) = 常数$$

$$P/\rho^k = 常数$$

2. 热力学函数及喷管面积公式

热力学函数是表征气体基本特征参量之间的关系式，这些基本特征量决定流动气体的状态，包括气流速度 v、气体密度 ρ、气体温度 T 和气体的焓 h 等。这些定义式和热力学函数主要包括：

马赫数定义式：$\qquad\qquad M = v/a$

声速定义式：$\qquad\qquad a = (k \cdot R \cdot T)^{0.5}$

气体总焓：$\qquad h_0 = c_p \cdot T(1 + k/2 \cdot R/c_p \cdot M^2)$

气体温度：$\qquad T = T_0 \times [1 + (k-1)/2 \cdot M^2]^{-1}$

气体压强：$\qquad p = p_0 \times [1 + (k-1)/2 \cdot M^2]^{-k/(k-1)}$

气体密度：$\qquad \rho = \rho_0 \times [1 + (k-1)/2 \cdot M^2]^{-1/(k-1)}$

喷管面积公式：$A = \{m/[p_0 \cdot (k/R \cdot T_0)^{0.5}]\}M^{-1} \times [1 + (k-1)/2 \cdot M^2]^{(k+1)/2(k-1)}$

2.1.4　发动机理论计算公式

根据上述理论和方程，便可推导出用于发动机性能计算和分析的理论公式。

1. 质量秒流量

质量秒流量，也称质量流率，是根据喷管面积公式推导的，喷管喉部 $M = 1$，$A = A_t$。将其代入喷管面积公式，即可得出质量流率公式：

$$m = A_t \cdot p_0 \cdot (k/R \cdot T_0)^{0.5} \cdot [2/(k+1)]^{(k+1)/2(k-1)} \qquad (2-2)$$

令
$$C_D = (k/R \cdot T_0)^{0.5} \cdot [2/(k+1)]^{(k+1)/2(k-1)} \qquad (2-3)$$

则
$$m = C_D \cdot A_t \cdot p_0 = C_D \cdot A_t \cdot p_c \qquad (2-4)$$

式中：m 为质量流率；p_0 为燃气流的总压；p_c 为燃烧室压强；T_0 为燃气流动的滞

止温度;k 为绝热指数,$k = C_p / C_v$;C_D 为流量系数;A_t 为喷管喉面积。

因为相对燃气在喷管中流速而言,燃烧室内的燃气流速可忽略不计,计算时可将燃气流动的滞止温度视为燃烧室的燃烧温度,燃气流动的总压强视为燃烧室的压强。

2. 排气速度

由能量方程 $h + v^2/2 = h_0$,可得出按照滞止焓和喷管出口处的焓来计算喷管排气速度的通用公式:

$$v_e = 2 \cdot (h_0 - h_e)^{0.5}$$

由质量方程 $\rho \cdot v \cdot A = m =$ 常量,能量方程 $h + v^2/2 = h_0$ 和 $S =$ 常数的等熵条件,把上面的排气速度公式中的 h_e 同喷管出口压强及滞止参数联系起来,就可以用喷管出口压强与总压强(燃烧室压强)之比来表达排气速度 v_e。最后得到:

$$v_e = [2k/(k-1)] \cdot RT_0[1 - (p_e/p_0)^{(k-1)/k}]^{0.5} \qquad (2-5)$$

通过 $a = (k \cdot R \cdot T)^{0.5}$ 和 $T = T_0 \cdot [1 + (k-1)/2 \cdot M^2]^{-1}$ 两个公式,也可用马赫数 M 来表示喷管排气速度:

$$v_e = (k/R \cdot T_0)^{0.5} \cdot M[1 + (k-1)/2 \cdot M^2]^{-1/2} \qquad (2-6)$$

式中:v_e 为喷管出口面排气速度;a 为声速;M 为马赫数。

3. 推力的理论计算公式

把质量流率公式(2-2)和排气速度公式(2-5)代入推力的原理公式(2-1)中,即得

$$F = p_0 \cdot A_t \cdot [2k^2/(k-1)]^{0.5} \cdot [2/(k+1)]^{(k+1)/2(k-1)} \cdot$$

$$[1 - (p_e/p_0)^{(k-1)/k}]^{0.5} + A_e/A_t(p_e/p_0 - p_a/p_0) \qquad (2-7)$$

令 $\qquad C_F = [2k^2/(k-1)]^{0.5} \cdot [2/(k+1)]^{(k+1)/2(k-1)} \cdot$

$$[1 - (p_e/p_0)^{(k-1)/k}]^{0.5} + A_e/A_t(p_e/p_0 - p_a/p_0) \qquad (2-8)$$

则 $\qquad\qquad F = C_F \cdot p_0 \cdot A_t = C_F \cdot p_c \cdot A_t \qquad (2-9)$

式中:F 为发动机理论推力;C_F 为推力系数;p_e 为喷管出口压强;A_e 为喷管出口面积。

进行发动机理论计算时,都可将各理论公式中的滞止参数视为燃烧室相应参数。

4. 比冲理论计算公式

发动机比冲是指燃烧1kg质量推进剂所产生的冲量,即 $I_{sp} = I_0/W_p$,在数值

上也等于每秒燃烧 1kg 质量推进剂所产生的推力(比推力)。将式(2-2)和式(2-7)代入,可得

$$I_{sp} = F/m = [(2k/(k-1))R^0/m \cdot T_c \cdot (1-(P_e/P_c)^{(k-1)/k})]^{0.5}$$
(2-10)

式中:I_{sp} 为发动机比冲;I_o 为发动机总冲;W_p 为推进剂药柱质量;R^0 为通用气体常数,$R^0 = R \cdot m$,m 为质量流率。

5. 特征速度公式

特征速度是与流过喷管的质量流率有关的,其定义式为

$$C^* = p_c \cdot A_t/m$$

将质量流率公式(2-2)代入,得

$$C^* = (R \cdot T_c/k)^{0.5} \cdot [(k+1)/2]^{(k+1)/2(k-1)}$$

式中:C^* 为特征速度;T_c 为燃烧室内燃气温度。

6. 燃烧室压强公式

当忽略燃气流速对推进剂燃速的影响和余容对压强的影响,并采用指数燃速公式 $u = u_1 \cdot p^n$ 表征燃速随压强变化的规律时,计算燃烧室压强公式为

$$P_c = [(u_1 \cdot \rho_p \cdot s_b)/(C_D \cdot A_t)]^{1/(1-n)}$$
(2-11)

式中:P_c 为燃烧室压强;u_1 为燃速系数;n 为压强指数;ρ_p 为推进剂密度;s_b 为装药燃烧面积。

2.1.5 推力和压强的工程计算公式

推力和压强是工程设计和计算中最常用的弹道性能参数,为方便地进行计算,并能将发动机弹道性能参数与推进剂性能参数直接联系在一起,将推力和压强理论计算公式进行等量变换,即可得到推力和压强的工程计算公式。

1. 压强工程计算公式

将式(2-11) $P_c = [(u_1 \cdot \rho_p \cdot s_b)/(C_D \cdot A_t)]^{1/(1-n)}$ 两端同进行 $(1-n)$ 次方,得

$$P_c^{(1-n)} = (u_1 \cdot \rho_p \cdot s_b)/(C_D \cdot A_t)$$

两端同乘 P_c^n,得到压强工程计算公式:

$$P_c = (u_1 \cdot \rho_p \cdot s_b \cdot P_c^n)/(C_D \cdot A_t)$$
$$= (u \cdot \rho_p \cdot s_b)/(C_D \cdot A_t)$$

$$= (u \cdot \rho_p \cdot K_N) / C_D$$

$$= (u \cdot \rho_p \cdot s_b \cdot I_{sp}) / (C_F \cdot A_t) \qquad (2-12)$$

式中:K_N 为面喉比,即燃烧面积与喷喉面积之比。

2. 推力工程计算公式

由比冲的定义不难推导出 $I_{sp} = C_F / C_D$。将 C_D 代入式(2-12),得

$$P_c = (I_{sp} \cdot \rho_p \cdot u \cdot s_b) / (C_F \cdot A_t)$$

$$P_c \cdot (C_F \cdot A_t) = I_{sp} \cdot \rho_p \cdot u \times s_b$$

则发动机推力为

$$F_{cp} = I_{sp} \cdot \rho_p \cdot u \cdot s_b \qquad (2-13)$$

如前述,常将比冲与推进剂密度的乘积称为发动机交付比冲,也称密度比冲,交付比冲越大,发动机的推进效能越高;将燃速与装药燃烧面的乘积称为推进强度,常通过调整该组合参数的大小来调整推力,它是装药设计最常用的工程计算公式。

通过上述工程计算公式,可对所要求的推进剂性能参数,装药药形尺寸和相关参数进行初步估算。当所选推进剂的实测性能与装药性能计算结果相符合时,装药性能也就满足了发动机各项弹道性能要求。

2.1.6 发动机性能参数试验处理公式

在采用试验来确定发动机的性能时,一般由专用计算机程序对所采集的推力或压强逐点数据进行处理,按试验处理公式,计算并给出各项实测结果。除平均推力、平均压强、总冲等弹道性能参数外,还常采用试验测试的方法,测试推力系数、流量系数、特征速度、实际比冲等。处理性能数据所需的结构参数、质量参数等,需要试验前或试验后测定,这些数据常包括推进剂质量、喷喉面积等。需要时,在试验后通过对试验发动机称重或计算,确定燃烧的推进剂质量,即有效推进剂质量。推力系数、流量系数、发动机比冲、特征速度等参数,都可用采集的试验数据,按试验处理公式处理。

1. 推力系数

$$C_F = \left[\int_0^{tb} F(t) \, dt \right] / \left[\left(\int_0^{tb} P(t) \, dt \right) \cdot A_t \right] \qquad (2-14)$$

$$C_{F(i)} = \left[\int_0^{tb} F(i) \, dt \right] / \left[\left(\int_0^{tb} P(i) \, dt \right] \cdot A_t \qquad (2-15)$$

式中：C_F 为推力系数；$\int_0^{tb} F(t)\,dt$ 和 $\int_0^{tb} P(t)\,dt$ 用采集的数据由计算机程序计算给出；i 为瞬时值。

2. 流量系数

$$C_D = m_c / P_c \cdot A_t \qquad (2-16)$$

式中：$P_c = \int_0^{tb} P(t)\,dt / t_b$，即燃烧室平均压强。

3. 特征速度

$$C^* = \left[\int_0^{tb} P(t)\,dt \right] \cdot A_t / m_c \qquad (2-17)$$

$$C^*_{(i)} = \left[\int_0^{tb} P(i)\,dt \right] \cdot A_t / m_c \qquad (2-18)$$

式中：C^* 为特征速度；m_c 为点火前后发动机质量差，即有效推进剂质量。

4. 实测比冲

$$I_{sp} = \int_0^{tb} F(t)\,dt / m_c \qquad (2-19)$$

对单室多推力发动机，通过对试验数据的采集和处理，获取上述试验处理公式所需的逐点数据，再根据单室多推力发动机内弹道曲线(图2-2)上各特征点的坐标值，通过积分程序计算，即可分别得到各推力级的实测比冲。

2.2 单室多推力发动机主要弹道性能

发动机设计技术要求，是导弹总体根据导弹飞行要求，对动力推进系统提出的设计要求。单室多推力发动机的设计技术要求与单级推力发动机相比，在弹道性能方面，除了因推力级别增多，弹道参数指标参数也随之增加以外，有关对发动机各项弹道性能参数的计算和对弹道性能分析，均与单级推力发动机相同或相近。由于多推力装药燃烧是通过共用的喷管排出燃气，要进行不同推力级间参数协调计算，以使各级装药燃烧时，其燃烧室压强都要在各级推进剂的适用压强范围内，推进剂的燃烧性能最佳，能量得到充分发挥。

2.2.1 各级推力比

推力比是指各级间平均推力之比。一般地，以续航级平均推力为1，其他各级平均推力与续航级平均推力之比,为相应各级的推力比。而最大推力比则指平均推力最大的那一级与平均推力最小的那一级平均推力(一般是续航级)之比,该参数所表征的性能只是多推力发动机推力容量的大小,属于设计参数,不是表征发动机推进效能高低的设计质量参数。

采用推力的工程计算公式,可直接估算多推力发动机各级的推力比:

$$K_F = F_{cp} / F_{cpx} = u \cdot \rho_p \cdot s_b \cdot I_{sp} / u_x \cdot \rho_{px} \cdot s_{bx} \cdot I_{spx}$$

若某一级推进剂密度与续航级的相近,式中的 $\rho_p \approx \rho_{px}$,则

$$K_F = F_{cp} / F_{cpx} = u \cdot s_b \cdot I_{sp} / u_x \cdot s_{bx} \cdot I_{spx} \qquad (2-20)$$

式中:K_F 为推力比;u、ρ_p、s_b、I_{sp} 分别表示某一级的平均燃速、密度、平均燃烧面积和平均比冲。

在多推力发动机方案设计时,对所要选择的推进剂,还不能得到所需更多性能数据的情况下,采用推力比计算式来估算各级推力范围,选择装药药形和推进剂的燃速是十分必要的。

对于陆地、车载或舰载小射角发射的导弹,为使导弹在发射离轨时具有足够的初速,以防导弹下沉量过大,常要求发动机能为导弹发射提供足够的初始推力,对此,多推力发动机的最大推力比需满足导弹发射要求。显然,单室多推力发动机的最大推力比越大,该发动机的使用范围越大。目前,对发动机直径为 150mm ~ 200mm 的中等直径的多推力发动机,最大推力比可达到 16,如以色列的"蝰蛇"(VIPER)导弹的单室双推力发动机,最大推力比已达到 15.8。

2.2.2 内弹道曲线及特征点

单室多推力发动机的弹道性能参数随推力级别的多少也各不相同,各项弹道性能参数的数值范围由导弹总体根据飞行弹道需要而定。其主要弹道性能指标参数,包括各级平均推力和工作时间(燃烧时间),总推力冲量和总工作时间等。由多推力发动机的各级弹道性能指标参数和弹道曲线构成该导弹发动机的推力方案。内弹道参数一般由发动机装药设计确定,常将燃烧室压强随时间变化曲线称为内弹道曲线。它是衡量发动机性能是否满足设计要求,评定发动机工作质量好坏的依据。典型多推力发动机(四推力)内弹道性能曲线的各特征点参数如图 2-2 所示。

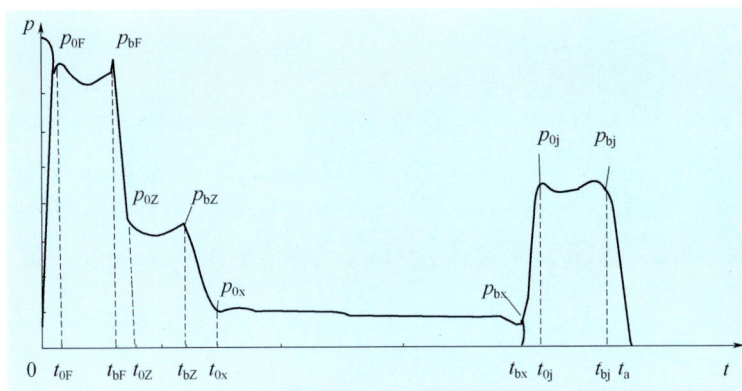

图 2-2 多推力内弹道曲线特征点

图中：

p——压强(纵坐标)； t——时间(横坐标)；

p_{0F}——发射级起始压强； t_{0F}——发射级始燃时间；

p_{bF}——发射级燃终压强； t_{bF}——发射级燃终时间；

p_{0Z}——增速级起始压强； t_{0Z}——增速级始燃时间；

p_{bZ}——增速级燃终压强； t_{bZ}——增速级燃终时间；

p_{0x}——续航级起始压强； t_{0x}——续航级起始时间；

p_{bx}——续航级燃终压强； t_{bx}——续航级燃终时间；

p_{0j}——加速级起始压强； t_{0j}——加速级起始时间；

p_{bj}——加速级燃终压强； t_{bj}——加速级燃终时间；

t_a—— 发动机工作时间；

"$0-t_{0F}$"——发动机始燃时间(在这段时间内,装药燃烧面从局部点燃达到全面积燃烧,压强也达到发动机起始压强值,常称为压强曲线爬升时间)；

"$t_{bF}-t_{0Z}$"——发射级向增速级过渡时间；

"$t_{bZ}-t_{0x}$"——增速级向续航级过渡时间；

"$t_{bx}-t_{0j}$"——续航级向加速级过渡时间；

"$t_{bj}-t_a$"——加速级压强曲线下降时间。

由于装药各级药形不同,燃烧产生的余药量也不同,各级过渡时间也不同。

一般地,续航级燃烧室压强较低,处理压强和时间参数时,需按"角分线"的方法处理。这要比按指定压强的"百分数"方法处理,更能满足单室多推力压强曲线处理精度要求。

2.2.3　发动机推力冲量

与单级推力发动机一样,发动机推力冲量(总冲),是表征发动机推进效能的重要弹道性能参数之一。在发动机设计技术要求中,都给出对推力冲量的数值范围要求。工程设计和使用时,常将推力冲量定义为发动机平均推力与装药燃烧时间的乘积;也可定义为装药药柱质量与推进剂比冲的乘积。一般表示为

$$I_0 = F_{cp} \cdot t_b \qquad (2-21)$$

或表示为

$$I_0 = I_{sp} \cdot w_p \qquad (2-22)$$

式中:I_0 为发动机推力冲量;F_{cp} 为发动机平均推力;t_b 为装药燃烧时间;$w_p(M_p)$ 为装药药柱质量;I_{sp} 为发动机比冲。

上述定义式,一般只在装药初步设计计算时使用,因为弹道性能指标参数 F_{cp} 或 t_b 等参数都是以数字范围给出,若按推力指标参数的上下限数值计算,则有不同的推力冲量值;加上不同装药燃烧时各级过渡段时间也不同,对相邻两级药柱的推进剂在过渡段出现混燃时,还没有较成熟的计算方法,较准确计算过渡段时间等弹道性能参数,这就使燃烧时间 t_b 与装药实际燃烧时间有误差,需要通过试验加以修正。在初步设计时,常选择各指标范围的中间值进行计算。

另外,在多推力组合装药燃烧中,因各级药柱药形不同,所产生的余药量也不同,余药在燃烧室燃烧时,其燃烧面积逐渐减少,燃烧室压强也随之降低,形成各级过渡段,在这些时间段的余药燃烧,都不能充分发挥推进剂的能量,计算的药柱质量也与发动机各级有效推进剂质量存在差异,这些都要在装药性能计算中进行验算,也需要通过试验加以修正,最终使发动机各项弹道性能参数满足发动机设计技术要求。

2.2.4　发动机比冲和比推力及实际比冲

发动机比冲是指燃烧 1kg 质量的推进剂所产生的冲量,其定义为

$$I_{sp} = I_0/w_p \qquad (2-23)$$

发动机比推力是指每秒燃烧 1kg 质量的推进剂所产生的推力,其定义为

$$I_{sp} = F_{cp}/m \qquad (2-24)$$

式中:w_p 为推进剂药柱质量;m 为推进剂燃烧的质量秒流量。

比冲和比推力两者虽然定义不同,但在数值上是相同的。比冲和比推力也

是表征发动机推进效能的参数,比冲越高,发动机推进效率越高。装药有效质量越大,导弹或飞行器所获得的最大飞行速度也越大。

实际比冲一般指发动机实测比冲,常由实际产品发动机经地面试验测得,其热防护和喷管扩张比等都与产品实际设计相同,用于产品发动机鉴定试验或质量一致性检验的试验测试,用所测比冲或其他弹道性能参数的实测值,对产品实际弹道性能进行评定。

在发动机试验中,常受装药余药很难准确确定等因素的影响,确定比冲所消耗推进剂的质量值较困难,一般都用采集推力随时间变化的逐点数据,通过计算机程序进行积分,所得发动机各级装药的推力冲量值,分别除以相应推力级的推进剂药柱质量来获取比冲的实测值。单级推力发动机的药柱质量,可在试验前后对发动机称重获取,所测比冲更接近实际值。多级推力装药发动机组合装药各级推进剂质量,需通过三维作图法计算得到,存在计算误差。

在发动机设计中,采用实测比冲作为能量特性参数要求较普遍,单室多推力发动机也一样。这是因为:①采用工程设计计算公式可将比冲直接与推力等参数相联系,不必进行换算;②试验和测试较直观方便,有的可直接采用试验样机测得,测试的准确性和精度较高;③对选用相同推进剂的发动机来说,推进剂比冲、装药比冲和产品发动机比冲之间,因为喷管扩张比可能不同,燃烧热防护条件不同,实测的比冲数值也就存在差别。但由于这三者之间具有较稳定的相关性,经过折算后,无论采用哪种试验条件测试的比冲数据,都是可以使用的。

在发动机性能分析中,有时也要用到比冲的理论计算式(2-10),用来分析推进剂性能、燃烧室压强比、喷管扩张比等设计参数对发动机比冲的影响。

2.2.5　发动机推力

发动机推力是一项重要的弹道性能参数之一,也常作为技术要求中的指标参数。单室多推力发动机也一样,常常采用各级平均推力和燃烧时间作为对装药设计的主要指标参数,其计算公式已在上文进行了推导,推力的理论计算公式见式(2-7)、式(2-8)、式(2-9)。工程设计时采用式(2-13)进行设计和计算更为方便。

2.2.6　燃烧室压强

根据固体推进剂发动机工作原理导出计算燃烧室压强公式,见式(2-11):

$$P_c = \left[(u_1 \cdot \rho_p \cdot s_b) / (C_D \cdot A_t) \right]^{1/(n-1)}$$

经参数转换,也可推导出下面形式的压强计算式:

$$P_c = (C^* \cdot \rho_p \cdot u_1 \cdot s_b / A_t)^{1/(n-1)} = (C^* \cdot \rho_p \cdot u_1 \cdot K_N)^{1/(n-1)} \quad (2-25)$$

在内弹道计算时,也常采用式(2-12)工程计算公式:

$$P_c = (u \cdot \rho_p \cdot s_b \cdot I_{sp}) / (C_F \cdot A_t)$$

2.2.7 发动机特征速度

特征速度的定义式为

$$C^* = P_{cp} \cdot A_t / m_c \quad (2-26)$$

式中:P_{cp}为燃烧室平均压强;m_c为药柱质量,可用点火前后发动机的质量差代替。

特征速度是表征燃烧室燃烧效率的性能参数,采用实测特征速度与理论特征速度之比来表示燃烧效率,称燃烧室效率。显然,特征速度越大,燃烧室效率越高,推进性能越好。

燃烧室隔热和密封设计较好的发动机,实测特征速度较大。如某产品发动机,采用隔热层和玻璃纤维缠绕的复合材料整体式壳体,使用普通双基推进剂,因壳体材料的隔热和密封性能较好,实测特征速度较大,达到1208m/s;而采用钢壳体发动机,其装药药形和装药装填结构均相同,实测的特征速度为1128m/s,低于复合材料壳体发动机。由于燃烧室效率高,比冲效率也较高,实测比冲分别为2030N·s/kg~2050N·s/kg和1930N·s/kg~1960N·s/kg(参考文献[10])。

带燃气导流管的发动机,实测特征速度较低。

因总体结构需要,有的多推力组合装药发动机采用带燃气导流管的长尾喷管结构形式,试验结果表明,燃气导流管会引起燃气流动损失,使燃烧室效率降低。如某三推力组合装药发动机,加燃气导流管的发动机与不加导流管的发动机相比,其燃烧室效率降低约1%~2%;亚声速导流管比超声速导流管引起燃烧室效率降低得更为明显。

另外,燃烧室的结构,燃气流动状态,为消除燃烧不稳定所采取的结构阻尼、粒子阻尼等结构措施,也会引起特征速度降低。如加"减振棒"结构,低燃速燃烧物质,加硝烟剂或消焰剂片的装药发动机,都会使特征速度降低。在发动机性能试验中,常常通过试验来测试特征速度,以了解不同燃烧室结构、不同装药结构、不同燃气流动状态对燃烧室效率的影响。

2.3　多推力组合装药性能参数

2.3.1　推进剂实际比冲

推进剂实际比冲采用无余药的标准发动机试验测得,一般都采用管状药形装药,喷管扩张比,试验测试仪器的精度和数据处理方法等,都按标准规定进行。根据产品发动机尺寸,可采用不同直径和长度的标准发动机,如 50mm、135mm、165mm、270mm 直径的标准发动机等。有的采用地面静止试验测试,也有采用弹道摆试验测试。所测得的比冲为推进剂实际比冲,也称实测比冲,用来表征推进剂的能量特性。

由于采用工程计算公式,可将推进剂比冲与发动机推力等主要弹道参数直接联系起来,量值关系简单,在产品设计和研制试验中,常用产品发动机或弹道评定发动机的实测比冲,折算成标准发动机实测比冲后,作为推进剂最后的指标参数和推进剂的检验参数,用于产品装药在药柱批量生产前、后,对推进剂能量的检验和评定。

推进剂能量特性,也可采用测试的推进剂特征速度来表征。由特征速度的定义,其大小仅与燃烧室平均压强、喷喉面积和推进剂药柱质量有关,而和喷管扩张段形面、扩张比大小无关,只要测得发动机的平均压强,即可获得该推进剂的特征速度值。测试所用的发动机,也可以是非标准发动机,这对了解所选推进剂的能量特性很方便。但由于试验中常出现喷管喉部被烧蚀,推进剂和包覆燃烧后的固相沉积等因素影响,都会在燃烧过程中引起喷喉面积变化,这些不确定的因素直接影响所测特征速度值。作为产品研制,采用实测比冲作为推进剂的指标参数更为合适。

2.3.2　装药实际比冲

装药实际比冲常采用喷管扩张比一定的弹道评定发动机测得,其中,装药与产品发动机装药相同,燃烧室内结构和热防护等可能与产品发动机存在差异,但不影响装药比冲的测试;也可采用与产品发动机燃烧室内部结构相同的厚壁试验发动机试验获得。由于所采用试验发动机或弹道评定发动机的喷管扩张比,喷管结构和热防护条件等不完全一致,其实测值可能与产品发动机的比冲有所不同,也与推进剂实测比冲值存在差异。经试验修正后,三者也可互用。

2.3.3 推进剂燃速

1. 燃速的定义式

按推进剂药柱燃烧理论,燃烧从药柱非阻燃表面开始,沿燃烧表面的法向按平行层燃烧规律向药柱内推移。燃速是指燃烧推移的速度。其定义式为

$$u = e_1 / t_b$$

式中:u 为燃速;e_1 为燃层总厚度;t_b 为燃烧时间。

2. 燃速的获取

采用燃速仪测试推进剂燃速。

经燃速仪测试获得某推进剂压强—燃速逐点数据如表 2 - 1 所列。

表 2 - 1　$x_1 - x_1$ 推进剂燃速数据

压强/MPa	2	3	4	5	6
燃速/(mm/s)	2.52	2.77	2.92	3.16	3.38
压强指数	0.23	0.18		0.35	0.37

根据逐点数据,采用曲线拟合的最小二乘法或对数法,可拟合成能表征燃速随压强变化规律的各种函数表达形式,用于装药设计计算和性能分析。

对双基推进剂和改性双基推进剂,燃速随压强的变化关系,一般都符合指数函数的形式,将燃速公式常表示为

$$u = u_1 \cdot p^n$$

也可利用所测得的数据,通过取对数的数学方法,将指数形式的燃速公式转化为线性形式,解出其中的常数和系数,也可较方便地获得该推进剂的压强指数 n、燃速系数 u_1 和指数燃速公式。现以表 2 - 1 中 $x_1 - x_1$ 推进剂的燃速数据为例,计算该推进剂在各压强范围的压强指数和燃速公式。

先对燃速公式 $u = u_1 \cdot p^n$ 的两端取对数:

$$\ln u = \ln u_1 + n \cdot \ln p$$

分别将相邻或小范围压强与燃速数据两两代入上式,得

$$\begin{cases} \ln 2.52 = \ln u_1 + n \times \ln 2 \\ \ln 2.77 = \ln u_1 + n \times \ln 3 \end{cases} \qquad \begin{cases} 0.924 = \ln u_1 + n \times 0.693 \\ 1.019 = \ln u_1 + n \times 1.099 \end{cases}$$

按照联立方程求解法可求出 2MPa ~ 3MPa 下的压强指数为 0.23。同样可求得 3MPa ~ 4MPa、4MPa ~ 5MPa、5MPa ~ 6MPa 下的压强指数分别为 0.18、

0.35 、0.37。

采用标准发动机测试推进剂燃速。

经标准发动机测试获得的某推进剂压强 – 燃速逐点数据如表 2 – 2 所列。

表 2 – 2 标准发动机测试 x_2 – x_2 推进剂的燃速数据（œ = 85、de/dt = 2.5）

20℃	压强/MPa	4.21	5.46	6.50	7.32	8.06
	燃速/（mm/s）	11.5	13.3	14.8	15.8	16.9

用所测得的压强和燃速逐点数据，处理使用压强范围内的燃速公式（表 2 – 3）。

表 2 – 3 由发动机测试数据处理的燃速公式

温度/℃	压强范围/MPa	指数燃速公式 $u = u_1 \times p^n$
20	3.0 ~ 10.0	$0.8784p_1^{0.61}$

采用标准发动机测试燃速时，发动机喷管的扩张比（喷管出口直径 de/喷管喉径 dt）和药柱尺寸都是按标准确定的，药柱采用单根管形药柱，药柱两端包覆，药柱燃烧无余药。

3. 燃速选择的重要性

由推力的工程计算公式 $F_{cp} = u \cdot \rho_p \cdot s_b \cdot I_{sp}$ 可看出，燃速 u 的大小直接影响推力的大小，常将 $u \cdot s_b$ 的乘积称为推进强度，是改变和影响推力大小最活跃的组合参数。

在燃层厚度 e_1 确定的条件下，由 $t_b = e_1/u$，燃速的大小又直接影响燃烧时间的长短。

多级动力飞行的导弹，可采用具有多功能的单室多推力发动机。为增大多推力发动机的最大推力比，除了尽量增大不同药形的燃烧面积比以外，主要靠调整所用不同推进剂的燃速来达到，不同推力级所选的推进剂燃速相差越大，可达到的推力比就越大，从而提高最大推力比。这里所述最大推力比是指推力最大那一级的平均推力与推力最小那一级的平均推力之比，通常指发射级的平均推力与续航级平均推力之比，该比值越大，多推力组合装药的适用范围越大。

远程高速飞行的导弹，可采用具有高装填密度的单室多推力发动机。选择好续航级燃速更为重要。

根据组合装药设计理论，低压下续航级推进剂的燃速越高，越利于将组合装药的发射和增速级设计成具有较高推力冲量的装药，使导弹飞行到增速段末端有较高的飞行速度。

由续航级推力公式 $F_{cpx} = I_{spx} \cdot \rho_{px} \cdot u_x \cdot S_{bx}$ 可得出,u_x 越高,F_{cpx} 值越大。由 $A_t = F_{cpx}/(C_{Fx} \cdot p_x)$ 关系式,在确定的燃烧压强较低时,各级药柱燃烧共用喷管的喷喉面积 A_t 就越大。又由 $F_{cpF} = C_{FF} \cdot p_F \cdot A_t$ 算式,在确定发射级合适的燃烧室压强下,具有较大的喷喉面积,就能设计出较高的发射级推力,这同样也使增速级的推力加大,有利于增加这两级的推力冲量。上述分析式中,注脚"x"和"F"分别表示续航级和发射级参数。目前技术水平,在 4MPa ~ 5MPa 下,可用于续航推进剂的燃速已达到 40mm/s,能初步满足发射和增速级高装填密度设计的需要。

上述分析说明,无论对单级推力装药还是多级推力组合装药,燃速大小都是影响装药弹道性能的重要参数。

4. 燃速的确定

燃速确定要按给定的条件:

在给定燃烧时间 t_b 和最大燃层厚度 e_1 的条件下,可按下式确定燃速的大小:

$$u = e_1/t_b$$

在给定推力和药形燃烧面积大小的条件下,可由 $F_{cp} = u \cdot \rho_p \cdot s_b \cdot I_{sp}$ 反算所用推进剂的燃速:

$$u = F_{cp}/(\rho_p \cdot s_b \cdot I_{sp})$$

上述工程计算关系式,在多推力组合装药初步设计,药形选择和性能计算时,经常被使用,计算较方便。

应该指出,对多推力组合装药选用推进剂时,对推进剂的燃烧特性要求与单级推力装药有较大不同,在组合装药的设计中,为保证续航级有足够的工作压强,对端面燃烧的续航级药柱,由于燃烧面积小,需要推进剂在低压下具有较大的燃速,并有较好的燃烧稳定性。对于两级共用一种推进剂时,要求该推进剂具有较宽泛的燃烧特性,如,压强指数在较宽的使用压强范围内要尽量小,燃速值符合要求,并能在一定压强范围内可调等。

2.3.4 压强指数

对多推力组合装药,如四推力组合装药,其发射级和增速级常常用相同的推进剂,采用变燃烧面燃烧的装药药形,续航级和加速级也采用相同的推进剂,加速级也多采用变燃烧面的药形。压强指数大小会影响压强随燃烧时间变化曲线爬升段的斜率和幅度值的大小。所以,在选择推进剂时,要选择压强指数小的推进剂;对新研制的推进剂,要求推进剂适用压强范围内,压强指数应尽量小。

此外,对研制的产品发动机装药,其实际性能总是在一定范围内波动,除了初温影响外,推进剂性能误差、装药成形误差、发动机零件制造误差,都不可避免地会引起弹道性能的偏离。其影响程度可通过对压强公式微分式的分析中得出。

对 $P_c = (C^* \cdot \rho_p \cdot u_1 \cdot K_N)^{1/(n-1)}$ 微分,得

$$dP_c/P_c = 1/(1-n) \cdot (dC^*/C^* + d\rho_p/\rho_p + du_1/u_1 + dK_N/K_N)$$

$$dK_N/K_N = ds_b/s_b + dA_t/A_t$$

从上述微分公式中可以看出,在各微量变化对压强的影响中,可将其分为两类。一类是制造中的尺寸误差。无论是装药成形尺寸还是喷管喉部尺寸,都允许有一定的误差。其中,参数 S_b、A_t 误差会引起 K_N 值波动,导致压强波动。另一类是推进剂性能偏差。同一种推进剂,由于生产批次不同,各批次推进剂的组分含量、原材料性能、工艺控制参数等不可能完全一致,这些都会引起推进剂性能产生偏差,使参数 ρ_p、u、C^* 等参数值产生偏离,也会导致压强波动。

从上述微分式中还可看出,影响压强波动的相对值(dP_c/P_c)是各因素相对变化量的 $1/(1-n)$ 倍。因为压强指数 n 的数值小于1,而且 n 值越大,压强波动的幅度也越大。所以,除对推进剂压强指数有特殊要求的以外,在选择和使用推进剂的燃烧性能时,要选择压强指数尽量小的推进剂。

综上所述,n 值的大小,既影响相关零件结构尺寸、药形尺寸误差,性能参数偏离而引起压强波动的大小,又影响由于发动机工作中出现偶然因素引起压强波动的大小,并使这一波动幅度放大。可见,推进剂 n 值的大小,对发动机工作的稳定性起着重要的作用。

2.3.5　压强温度系数

压强温度系数也称压强温度敏感系数,是影响装药高、低温性能参数散布大小的参数。

单室多推力发动机设计技术要求中,一般都规定在高、低温度范围内,给出允许各级推力散布的范围,如规定高温最大推力值和低温最小推力值等。在组合装药设计中,为与推进剂性能相联系,需将其转换为允许的压强散布范围,这

就要按推进剂压强温度敏感系数 α_p 的定义和计算式来计算,并将计算结果作为控制推进剂性能散布的指标参数之一。

压强温度系数的另一个用途是,根据推进剂低温下的临界压强值,计算常温下燃烧的压强,再按最大推力比(压强比),计算出多推力组合装药的压强范围,为发动机强度设计和性能计算提供依据。

常给定的计算条件包括:

(1)技术要求中给出的高、低温下的推力或压强散布要求;

(2)给出温度范围,一般指高低温工作温度范围;

(3)续航推进剂低温下临界压强;

(4)发射级推进剂使用压强范围。

工程计算式为

$$\alpha_p = (\ln P_{cp(+50℃)} - \ln P_{cp(-40℃)})/(T_{+50℃} - T_{-40℃}) \qquad (2-27)$$

式中:α_p 为压强对温度的敏感系数,简称压强温度系数;$P_{cp(+50℃)}$、$P_{cp(-40℃)}$ 分别为 $+50℃$ 工作温度 $T_{+50℃}$ 和 $-40℃$ 工作温度 $T_{-40℃}$ 的平均压强。计算实例见4.5.4节。

第3章　发动机结构设计

单室多推力发动机与单级推力发动机相比,发动机的结构设计相对要简单,特别对于采用发射、增速级为内孔燃烧和续航级采用端面燃烧的装药,装药外侧面和前端面(弧形面)都包覆,形成半闭式多推力组合装药。这种装药的径向、轴向支撑与定位结构,较单级推力发动机装药的结构简单。装药外表面与发动机燃烧室内表面的装配间隙,既保证了装药的装配,又保证了装药与燃烧室的径向定位,无需专门设计定位结构;发动机点火装置和结构,装药的轴向定位与缓冲结构,也较单级推力发动机简单。这些结构特点使单室多推力发动机的总体结构简单、紧凑。

但是,单室多推力发动机的工作时间比单级推力发动机要长,各级压强相差较大,与之相适应的结构设计要更加注重发动机的热防护设计、密封设计、结构协调性、装填结构设计、喷管结构设计等。

3.1　热防护设计

与单级推力发动机相比,热防护的难度较大。在续航级工作时,装药侧面包覆因前两级燃气流的烧蚀和冲刷,其隔热防护作用已大大减弱,燃烧室壳体的隔热防护效果,主要靠壳体的热防护层来保证,这是单室多推力发动机隔热防护难度大的主要原因。对发动机的前端封头和燃烧室后盖内表面的隔热防护,也要比单级发动机的热防护要求高。

3.1.1　燃烧室壳体隔热层设计

1. 壳体隔热层技术要求

1)粘结强度

壳体隔热层与金属壳体内表面要贴合牢固,特别对涂敷成形一定厚度的隔热层,为保证贴合牢固,需对壳体内表面进行处理,有的要进行磷化处理,有的需要酸处理,除去金属表面的油质,使粘结表面粗糙,以保证粘结强度。对涂敷成形一定厚度的隔热层,其涂料的粘稠度、涂制的温湿度等工艺参数需加以控制,以保证涂敷质量。

压制成形的隔热垫,对预浸料或预先压制件要按要求进行处理,以防止隔热垫在存放和使用时出现裂缝。

隔热层与壳体内表面的粘结强度要求,还没有合适的参数来表征,目前还停留在定性的要求上;该参数的测试方法也处于研究阶段,主要是发动机壳体隔热层厚度尺寸小,粘结强度的取样或试样制备都与实际条件和使用状态相差较大,合适的测试方法还在探讨中。提出该项要求的意义是,提示在选择隔热层的种类,确定隔热层材料和成形工艺时,予以重视。

2）隔热性能

设计好多推力发动机的热防护,对更好发挥其推进效能和保证发动机工作可靠性十分重要。主要是做好燃烧室的隔热结构设计。

隔热性能的好坏取决于隔热层本身的导热性能高低和厚度大小,显然,隔热层导热性能低,隔热性能好;隔热层的厚度尺寸大,隔热效果好。

测量隔热层隔热性能的最直接方法是采用测试壳体外壁温度的方法。对于有壁温要求的,就要通过隔热层选择和确定合适厚度,来满足隔热性能参数要求。

3）抗冲刷性能

与单级推力装药不同,多推力组合装药各级药柱需采用不同的药形,发射和增速级常采用侧面燃烧药形,而续航级采用端面燃烧药形。当发射和增速级工作结束后,在续航级较长时间工作中,发射和增速级药柱的包覆层已被部分碳化,这层碳化层常被燃气流烧蚀、冲刷掉,这时,壳体隔热层就直接暴露在燃气中,在高温高压并具有较高流速的燃气流作用下,隔热层要具有足够的抗冲刷性能,保证装药工作结束时,仍能保留一定厚度隔热层的原始层,才能更好起到对壳体或前后结构件的有效热防护作用。

4）环境适应性

无机材料隔热层由于韧性较差,在温差应力和机械冲击力的作用下,容易产生崩裂或掉块,这种材料隔热层,要能满足温度冲击和振动冲击等环境条件要求。

对有机材料的隔热层,要能满足储存和使用条件下的温度和湿度要求。

总之,要根据使用和储存环境条件要求,确定所采用的隔热层种类和材料。

2. 隔热层防护作用与常用材料

隔热防护设计的主要措施,是在壳体内表面成形一定厚度的非金属材料隔热层,在后盖内表面压制隔热衬垫,在前封头内表面涂制非金属材料隔热层,这样,就在燃烧室的内壁形成完整的非金属材料容腔,利用非金属材料良好的隔热性能,将高温高压燃气限制在燃烧室容腔内,对发动机的金属结构件进行隔热防护,防止金属壳体和结构件与燃气直接接触,避免在高温燃气的作用下产生过热,引起强度下降。这种保护作用也可以起到减少发动机长时间工作的热损失。

1）隔热层分类

发动机壳体隔热层,按材料的物理属性,常分为有机材料隔热层和无机材料隔热层。不论是有机材料或无机材料隔热层,都是由增强材料和基体材料组成。增强材料为有机材料的称有机隔热层,增强材料为无机材料的称无机隔热层。

常用的有机增强材料有玻璃纤维、碳纤维、芳纶纤维等;常用的无机增强材料有石棉、Al_2O_3、二氧化硅等。基体材料分为橡胶类和树脂类,橡胶类有丁氰橡胶(NBR)、丁苯橡胶(SBR)、三元乙丙橡胶(EPDM)等;另一类基体材料为有机树脂,如环氧树脂、酚醛树脂、康酮树脂等。橡胶为基体材料的隔热层,属弹性体复合材料。树脂为基体材料的隔热层,属热固性复合材料。增强材料起增强作用,基体材料起粘合剂作用。

2)隔热层材料选择

如前所述,单室多推力发动机的工作时间较长,燃烧室的压强也随推力不同而变;当组合装药燃烧到续航级时,发射和增速级包覆内层已被碳化、开裂,壳体隔热层部分地裸露在高温燃气中,直接受到燃气流的烧蚀与冲刷,要求隔热层的耐烧蚀和抗冲刷性能要好。采用有机材料制成的橡胶类隔热层,能较好地适应这种工作条件的要求。

燃烧室壳体隔热层材料的选择,要根据隔热层的设计技术要求、装药燃烧时间,燃烧温度和燃烧产物成分,以及隔热层材料性能来确定,必要时要通过试样试验的测试结果来选择,最终还要通过发动机实际考核来确定。

隔热性能优异的材料,其导热系数低,比热容、熔化热、蒸发热或燃烧热大,有的具有吸热的热解反应。成形壳体隔热层的工艺性好,也是选择隔热层材料需要注重的。隔热层材料的性能见表3-1。

表3-1 燃烧室隔热层材料性能

成分		热特性		物理性能		
粘合剂（基体材料）	填料（增强材料）	导热系数/(W/(m·K))	比热容/(kJ/(kg·K))	拉伸强度/MPa	密度/(g/cm³)	延伸率/%
热固性弹性体 EPDM	二氧化硅	0.225	1.715	13.72	1.08	800
EPDM	石棉	0.225	1.883	1.79	1.19	400
NBR	二氧化硅	0.225	1.674	11.7~16.9	1.22	-
NBR	二氧化硅+石棉	0.277	1.715	13.79	1.27	440~623
NBR-酚醛	硼酸	0.294	1.715	5.52~11.03	1.18	200~450
SBR	石棉	0.433	1.674	6.895	1.40	400
SBR	二氧化硅	0.225	1.423	13.1~27.58	1.17	550~800

（续）

成分		热特性		物理性能		
粘合剂 （基体材料）	填料 （增强材料）	导热系数 /(W/(m·K))	比热容 /(kJ/(kg·K))	拉伸强度 /MPa	密度 /(g/cm³)	延伸率 /%
无 机 涂 料 环氧树脂	石棉	0.208	1.381	6.206	1.17	2~5
PBAA①	石棉	0.485	1.506	1.20	1.33	1
PBAA	石棉	—	1.423	6.095	1.30	38
PBAA/环氧①	石棉	0.225	1.506	5.97~11.31	1.41	69

① 聚丁二烯－丙烯酸聚合物；
② 聚丁二烯－丙烯酸－丙烯氰三聚物

3）壳体隔热层厚度的确定

隔热层的厚度要根据它所处工作条件和所选材料的性能来确定,主要包括装药燃烧时间的长短、所选择隔热层的烧蚀率大小、装药燃烧的燃烧温度高低,以及推进剂燃烧产物中含有固体含量的多少。测试隔热层材料烧蚀率与测试装药包覆材料的测试方法相同,按标准尺寸试件设备和方法,采用氧－乙炔火焰进行烧蚀试验。但由于试件测试与壳体隔热层的成形条件存在较大差异等原因,对按烧蚀率确定的隔热层厚度需留有一定的余量,由于计算条件与实际使用条件差别较大,主要还要通过发动机试验来最后考核和修正。

4）几种典型的壳体隔热形式

（1）燃烧室壳体涂敷隔热层。燃烧室壳体隔热,包括燃烧室前部球形表面的隔热,一般在燃烧室内表面上涂敷一层非金属材料层,利用其导热系数低的特点,将高温高压燃气与金属壳体隔开,使壳体在较低的温度下承受内压载荷,以保证壳体强度得到充分发挥。

除了隔热层材料具有较好的隔热、耐烧蚀和抗冲刷性能外,隔热层与壳体间的粘结强度要好。

一般以耐高温树脂为粘合剂与增强材料配制成隔热层涂料,常用的树脂有低压钡酚醛树脂、康酮树脂等。涂敷前需对壳体内表面进行除油和粗糙化处理,以保证涂敷的隔热层的粘结强度。

图3-1为某产品发动机壳体采用常温固化柔性隔热涂料无机隔热层,在装药工作时间常达15s,很好地满足了设计技术要求。

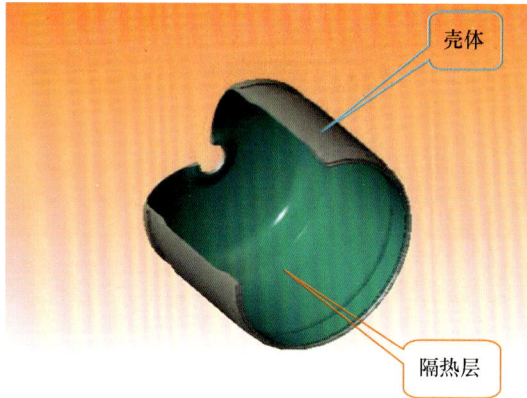

图 3-1 壳体隔热层

（2）燃烧室内采用结构件隔热。某单室双推力发动机产品，装药的第一级为内外表面燃烧的管形药形，燃烧时燃气直接冲烧燃烧室内壁，发动机工作结束后，出现壳体过热现象。对此，采用隔热定位套的措施，使壳体得到很好的保护。

隔热定位套采用两种不同形式：

一种是在耐热钢环的内外表面上，喷涂一层耐烧蚀和抗冲刷的 Al_2O_3 制成，这层喷涂层，导热系数也较金属材料低，喷涂 Al_2O_3 材料的抗冲刷性能较好，起到了对装药轴向定位和热防护的双重作用。隔热定位套如图 3-2 所示，设计的隔热结构如图 3-3 所示。

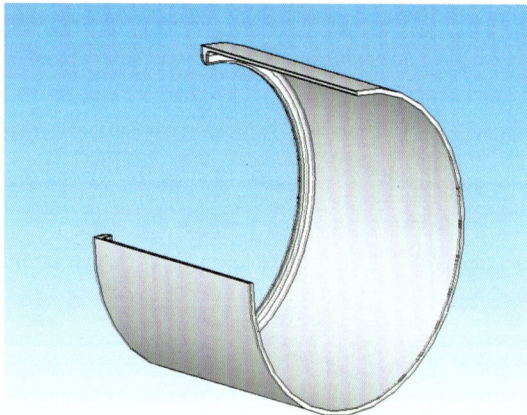

图 3-2 隔热定位套

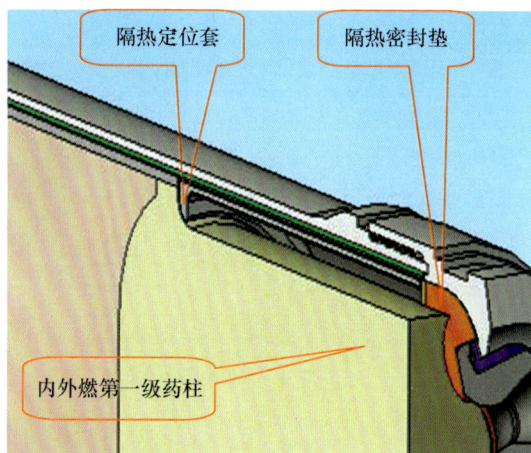

图 3 - 3　燃烧室内结构

采用这种喷涂工艺,在需防护的结构件上喷涂一层 Al_2O_3、SiC 等材料,也是一种热防护方法,有的还对喷管喉部喷涂一定厚度的防冲刷层,以防止喷管喉部直径被冲刷扩大。这种喷涂工艺需要专门的设备进行,由于制备成本较高,工艺也较复杂,一般无特殊热防护结构的需要,应尽量选择更方便的热防护方法。

另一种形式的隔热定位套,是采用碳/酚醛热压结构件,其结构和尺寸与图 3-2 中所示相同,同样达到了良好的隔热和定位效果,地面和飞行试验结果证明,采用隔热结构件对金属壳体的热防护措施也是有效的,可见,发动机燃烧室内的隔热防护,要根据防护结构的需要而设计。

（3）气囊加压隔热层。基体材料采用丁氰橡胶、康酮树脂或低压钡酚醛树脂等作粘接剂,增强材料采用石棉、Al_2O_3 等,经混炼后,制成未硫化的"胶片"。成形壳体隔热层时,先根据发动机壳体尺寸,将胶片制成筒形预制件,或直接压制成未硫化的筒形预制件。经对壳体内表面进行处理后,将预制件粘结于筒体内,并采用气囊对放入壳体内隔热层的预制件加压,在一定的温度下进行硫化,形成燃烧室内壁隔热层。对径向尺寸较大的发动机壳体,常采用这种气囊加压法制作壳体隔热层。用于某型号的 350mm 直径的双推力组合装药发动机壳体隔热层,就是采用这种工艺和材料制成的,发动机工作时间达 30s 以上,隔热层的隔热效果较好。

3.1.2　后盖内表面隔热垫设计

后盖是安装喷管的结构件,常是球形体或锥形体。在燃烧室的后端,流经后盖内表面的燃气流速较大,燃气流动方向变化也较大,有的还会形成涡流,特别是内外表面都燃烧的装药,燃气流对后盖内表面的烧蚀和冲刷最为严重,加上与喷管安装和连接,气流流经的表面也凸凹不平,该部位的结构件容易被燃气流冲刷和烧损。更要注重热防护结构设计。

对于单室多推力发动机的后盖,所采取的热防护设计,与单级推力发动机相比,要更为可靠。多采用在后盖内表面压制一层一定厚度的抗烧蚀材料层,有的选用高硅氧纤维和耐高温树脂预浸料;有的用碳纤维和酚醛树脂预浸料,用专用模具,在压机的高压强下,将预浸料通过热压法,成形在后盖的内表面,并与其他结构件形成一体的密封及热防护结构。图3-4和图3-5是实际产品采用的防烧蚀密封结构。

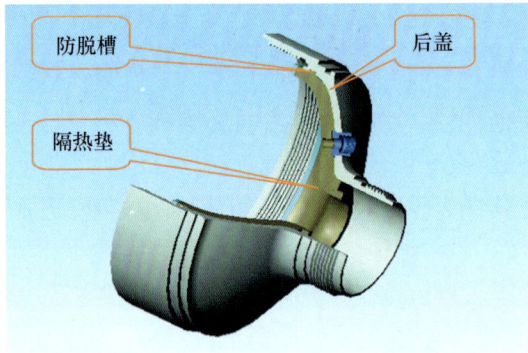

图 3-4　某产品后封头密封隔热垫

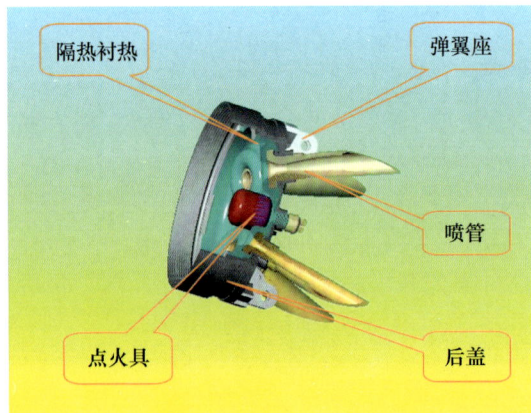

图 3-5　某产品喷管座密封隔热一体结构

对于后盖内表面无周向突起或凹陷结构的表面,要设计有防止衬垫周向转动和受力脱落的结构(图3-4)。在结构连接的缝隙处,要设计防高压燃气窜入的结构(图3-5),在四个喷管连接处,由足够厚度的隔热垫覆盖,以保证装配间隙处的密封。

3.2 密 封 设 计

除了上述对燃烧室结构件的隔热密封设计外,对发动机壳体与前后连接件连接处的密封,喷管结构密封也很重要。与单级推力装药发动机不同,多推力装药发动机壳体的前后连接结构和喷管结构等,要能承受长工作时间高温高压燃气载荷的作用,特别要注重连接密封设计,以保证连接结构和喷管构件可靠工作。

3.2.1 连接密封结构

发动机连接密封结构设计,主要是针对长时间工的发动机连接部位进行的结构设计,壳体后端的连接多采用螺纹连接,也有的大直径发动机采用法兰盘多螺栓连接。不论采用哪种结构形式,除在设计时要考虑在高压下的连接强度外,保证对燃气的密封也非常重要。

产品使用结果表明,带端面密封槽的密封结构对承受内压载荷的螺纹连接,具有很好的密封效果。以某产品发动机为例,其密封结构如图3-6所示。

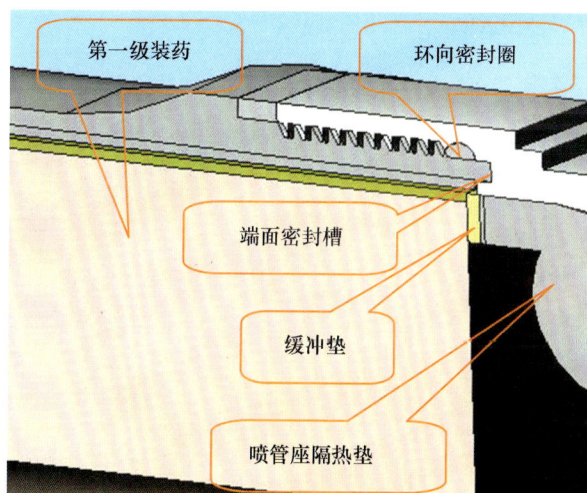

第一级装药　　　环向密封圈

端面密封槽

缓冲垫

喷管座隔热垫

图3-6　端面带环槽的连接螺纹密封结构

3.2.2 喷管密封结构

喷管的密封结构要和喷管喉衬的镶嵌结构、喷管的隔热结构、喷管与燃烧室或喷管座的连接结构设计联系在一起,要在结构设计时统筹考虑。多推力装药发动机喷管结构设计有多种形式,都是围绕喷管隔热与密封,喷管内形面与连接形式等进行设计。图 3-7 和图 3-8 所示的喷管结构,是已定型产品和已在多推力组合装药发动机试验中使用的复合结构喷管,其隔热与密封结构设计具有一定的代表性,对中小直径长时间工作的多推力发动机喷管设计,有参考价值。

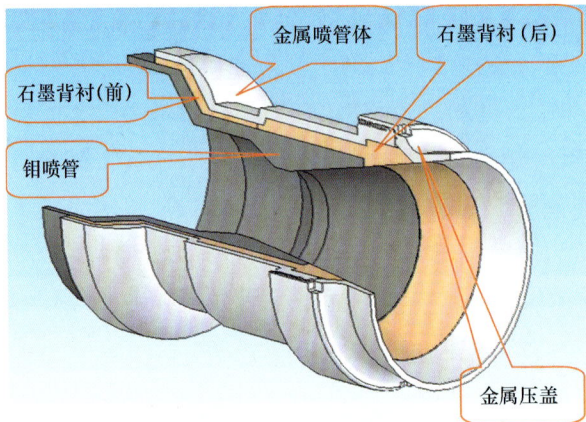

图 3-7 复合结构喷管

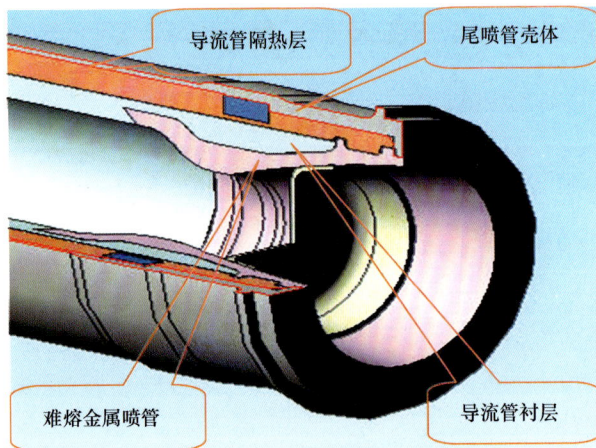

图 3-8 难熔金属喷管密封结构

3.2.3　装药外腔密封结构

对于多推力组合装药,采用多种药形按轴向串联组合的药形较多,这种装药都采用半封闭形式的装药结构,靠喷管端的装药为侧面燃烧药形,其端面不包覆;而外侧面和前端封闭的球形端面进行包覆。典型的装药结构如图 3－9 所示。对于自由装填形式的装药,为装填需要,要在装药外表面和燃烧室内表面间留有合适的装配间隙,形成装药外层空腔,在装药燃烧中,要使这一空间内的燃气处于滞止状态,以保证装药包覆不被燃气流冲刷,使装药工作可靠。装药的装填结构设计,要保证装药前端球面的密封,以使装药外腔的气流处于滞止状态。

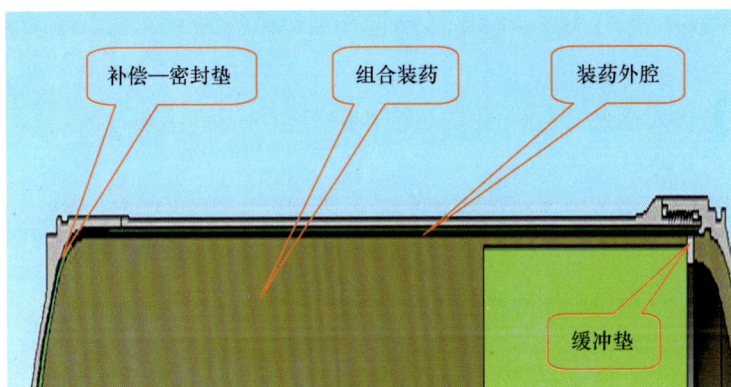

图 3－9　装药外腔密封结构

3.3　装 填 设 计

3.3.1　装填结构

组合装药的装填结构设计,主要指装药在喷管端的缓冲设计,装药前部球形端的补偿和密封设计,以及对组合装药定位与支撑结构的设计等。

1. 缓冲和补偿设计

半封闭式装药前后缓冲设计较为简单,采用耐热航空海绵橡胶垫的较普遍,其厚度确定要根据受力大小、装药在温差环境下可能产生的最大变形量、装药尺寸误差等数据进行估算,并且要统筹考虑相关的补偿和密封设计。缓冲与补偿设计要能使装药在低温最小长度下,装药仍有一定的装配预紧力,防止装药受力时在燃烧室内轴向窜动;高温下装药伸长变形后,也不能被缓冲和补偿结构件将药柱后端面压坏。需要时应对所设计的装填结构进行预压强度试验,通过高低温条件下的预压试验,查看装药结构是否完整,最后确定装填结构和尺寸。

这种工程化设计和试验方法,试验技术和装置较为简单,也很实用,常被用作检查设计或查找装药产生结构破坏原因时采用。多推力组合装药的缓冲、补偿与密封设计的典型结构如图3-6和图3-9所示。

2. 装药的定位与支撑

装药的定位与支撑设计,与单级推力装药相比,也较简单。主要是多推力组合装药的外侧面和前端球面都有包覆层,药柱外径与燃烧室内径之间的间隙较小,这种装药的径向定位就由这一间隙来保证,该间隙大小主要根据装药直径大小来确定,其设计原则是,装药在高温下,药柱直径胀大后不要贴紧燃烧室内表面,以防挤裂侧燃药形的易损处;在低温下,装药在收缩后不要因过大的间隙而使装药径向形成过大的空间,以防装药在外力作用下产生明显的晃动。这是确定装药径向尺寸时要注意的。

组合装药后端面的支撑结构常与后盖或喷管座的隔热衬结构、缓冲垫的设置统筹考虑。装药的支撑设计,主要是对装药后端面的支撑形式、位置、支撑面积大小和保证装药内外腔通气顺畅等结构的设计。

支撑形式一般都采用不连续的环向支撑结构,支撑位置一般选在装药后端面外缘的包覆和药柱端面上;支撑面积的大小要根据装药质量,药柱强度和装药承受轴向力的大小等因素来确定。

支撑形式的选择应考虑到在点火瞬间和初始燃烧阶段,要保证燃气在装药后端向装药外腔的流动要通畅,其目的是尽量使装药在较短的时间内,内外腔的压强达到平衡,避免装药侧面包覆在内腔较大的压强作用下,在点燃装药的初始瞬间撕裂包覆。最常用的支撑结构是在隔热衬垫与装药后端面的接触面上,设置凸台结构,除了在凸台上粘缓冲垫外,在凸台的凹陷处形成燃气流动通道,以使点火气体和药柱初始燃烧气体顺利流向装药外腔,尽快达到内外腔压强平衡,减少第一级侧面燃烧药柱和侧面包覆受力而产生破坏。图3-10给出某发动机双推力组合装药的支撑结构,较好地满足了使用要求。

从装药点火时的受力分析,在装药初始点燃瞬间,装药后端面和内侧容腔内承受压强后,会使装药前移,燃气也会通过装药被压后产生的间隙流向外腔,但设置固定的流向外腔燃气通道,会更利于在最短时间达到内外腔燃气压强的平衡,以尽快稳定装药的燃烧状态。

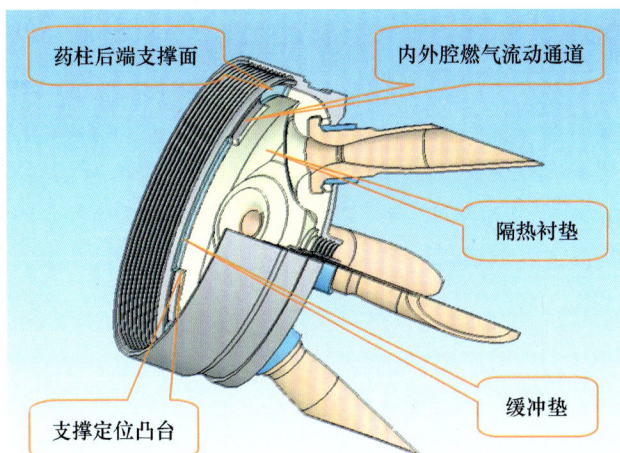

图 3 - 10　装药支撑部位结构

3.3.2　装填性能

　　单室多推力组合装药发动机应用的意义在于:首先,可为导弹飞行弹道的不同飞行段,提供多种功能和用途的动力,如可为导弹提供发射、增速、续航、加速等不同弹道飞行段的动力;其次,可为导弹远程高速飞行提供推力冲量更大的动力推进形式。这要通过两种不同装药设计和装填性能设计来实现。

　　前者装填性能设计所追求的是导弹飞行的最佳推力方案,即发动机推力 - 时间曲线要满足导弹总体不同飞行段的动力参数需求,实现合理分配所需的能量;后者除了能提供多种功能和用途的动力外,还可通过高装填密度装药设计,在有限的燃烧室容积内,尽量增加发射和增速级装药量,使其达到较高的飞行速度,再以端面燃烧续航级装药所提供的续航动力,长时间保持导弹在前两级装药燃烧后所获得的较大飞行速度,使导弹在整个弹道上飞行的平均速度大大提高,续航级工作时间越长,平均飞行速度越高,导弹的射程越远,越能达到导弹远程高速飞行的目的。

　　目前的试验结果表明,适用于中等直径续航发动机端面燃烧装药的工作时间已能达到180s以上。随着低压强下高燃速推进剂成功研制,采用镶嵌金属丝式药柱提高燃速等技术,可有效提高组合装药的设计容量。这些技术应用于组合装药设计,可为导弹远程高速飞行提供一种新的动力推进形式。

　　有关装药装填性能设计的细节,见第 4 章多推力组合装药设计。

3.4 喷管结构设计

多推力组合装药发动机的喷管设计,因发动机工作时间长,燃气对喷管收敛段冲刷和烧蚀比单级推力发动机要严重,喷管的设计在材料选择、结构形式、扩张段形面,以及对喷管结构密封和安装密封设计等,都要进行全面的考虑,必要时要通过方案试验进行选择。

3.4.1 喷管材料选择

从装配结构和成形工艺分析,对于最大径向尺寸小于 100mm 的小尺寸喷管,常选择难熔金属材料,设计成一体结构形式的较多;对较大尺寸的喷管,采用非金属材料,复合材料喷管或复合结构喷管较多。

1. 陶瓷材料

陶瓷材料是金属和非金属原子组成的高强度、耐高温脆性材料,如碳化硅(SiC)和氮化硅(Si_3N_4)等高温结构陶瓷等。为改善陶瓷材料的脆性,增加其韧性和强度,近些年,已先后研究成几种新型陶瓷复合材料。如,采用碳纤维、碳化硅纤维为增强材料,以碳化硅、氮化硅和 Al_2O_3 等为基体材料的陶瓷复合材料。也有采用碳纤维为增强材料,以 Al_2O_3、氧化锆为基体材料的陶瓷材料。这些新型陶瓷材料具有较好地韧性和较高的强度,适于做长时间工作的喷管或喷管的喉衬。

随陶瓷材料韧性、强度等性能的改善和提高,成形工艺的不断完善,成本也有大幅度降低,采用陶瓷材料做喷管越来越普遍,特别是碳纤维为增强材料,以陶瓷材料为基体材料的柔性陶瓷材料问世,进一步扩大这种材料在发动机中的使用范围。由于该材料有较好的抗冲刷和耐烧蚀性能,使喷管在高速燃气流的作用下,能保持喷管结构完整、功能可靠。

2. 碳复合材料

碳复合材料常分为碳化复合材料和碳基复合材料。

碳化复合材料的增强材料为碳(石墨)纤维或其织物,基体为耐热和耐烧蚀树脂,如低压钡酚醛树脂、康酮树脂等。其成形工艺采用热压法成形,也可用模压成形法将燃烧室后端的喷管座与喷管成形为整体构件(图3-10),还可将各结构件组装成喷管座组件,将耐烧蚀、抗冲刷性能较好的碳化复合材料用作喷管的收敛段和扩张段。

碳基复合材料是用碳纤维为增强材料的预成形坯件中,渗入基体材料碳而制成。从化学组成看,增强坯体和基体都是碳元素,其性能都可以在碳状态和石墨状态之间变化。因而,碳基复合材料又分为碳纤维增强碳(C/C)、石墨增强碳(G/C)和石墨增强石墨(G/G)三类,都属于同质碳基复合材料。该复合材料的性能和成形结构具有可设计性,可根据热防护需要选择不同的基体和增强材料;根据热防护结构选择成形方法,既可成形整体碳基复合材料喷管,也可成形大尺寸喷管的喉衬。

3. 高硅氧纤维复合材料

高硅氧纤维复合材料是以高硅氧纤维为增强材料,以耐热树脂为基体的复合材料。高硅氧纤维的主要成分是二氧化硅或硅酸盐,高硅氧纤维中的 SiO_2 的纯度大于95%。该复合材料对热冲击有极好的抵抗能力,耐烧蚀性能优于玻璃/酚醛复合材料,适于做喷管收敛段、扩张段材料。采用模压工艺,可对燃烧室后封头内表面和喷管入口段形成一体热防护结构。

4. 难熔金属材料

常用的难熔金属材料主要有钨渗铜材料和金属钼。

采用这两种材料作小型整体喷管或大型喷管的喉衬。主要是利用这些材料的高熔点特性,使喷管结构在装药燃烧产生高温、高流速燃气流的烧蚀和冲刷下,保持其结构完整。

钨渗铜材料可通过调配不同的钨含量,获得耐热性能不同的钨铜合金材料。常用钨铜合金材料和金属钼材料的熔点都可达到2000℃以上。

采用难熔金属制作喷管或喷管喉衬时,因两种材料都属于脆性材料,设计时除应按不同的受力要求确定结构和尺寸外,还应根据可能受到的工艺力和振动冲击力的环境要求,对设计喷管的壁厚和连接结构,留有适当的设计余度。

这些难熔金属材料的缺点是材料密度较大,金属钼的密度在 $14g/cm^3 \sim 15g/cm^3$ 范围,钨铜合金的密度在 $16g/cm^3$ 以上,增加了喷管的结构质量。

3.4.2　复合结构喷管

复合结构喷管指采用不同材料和不同结构件组合的喷管。这些不同材料的结构件起不同的作用。喷管的喉部,收敛和扩张段是与燃气流直接接触的部位,要采用抗冲刷材料构件;在抗冲刷层外,与喷管体或燃烧室后盖间,采用隔热性能好的隔热构件,以构件嵌套的结构形式,将各构件结合成喷管体。嵌套结构的设计,要有利于喷管体各结合面的密封。典型的复合结构喷管如图 3－7 所示。

对采用难熔金属作喷管和喷管喉衬的复合结构,要注重难熔金属喷管或喷管喉衬外包件的材料选择和结构设计,常称作背衬件设计。背衬结构的主要作用是,防止喉衬在高温下使低熔点材料熔化,另外对整个结构可起到隔热和密封的作用。设计好喷管和喷管喉衬的背衬结构,对于长时间工作的组合装药发动机来说,是保证复合结构喷管可靠工作的重要内容。

3.4.3　喷管安装结构

对于小尺寸喷管,在结构尺寸允许的条件下,可采用反装压紧的安装结构,以保证长时间工作喷管连接部位的密封。同时,要考虑长时间工作连接部位高温对强度的影响;连接结构的密封要与隔热结构统筹考虑。图 3－11 所示为某发动机喷管反装压紧密封结构。将难熔金属材料喷管,通过反装压紧,再通过后盖隔热垫的压制成形,对其装配间隙进行密封。这种安装结构的连接和密封可靠性,满足了长时间工作要求。

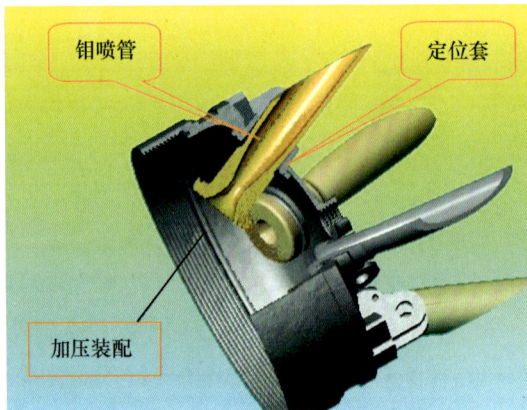

图 3－11　反装压紧密封结构

3.5　几种典型的单室多推力发动机

3.5.1　双推力发动机

1. 星形—端燃药形双推力发动机

该发动机是一种组合装药形式的双推力发动机。其特点是发动机结构紧凑,装填密度高,发动机综合性能好。

1）结构组成

（1）装药。装药由发射级星形和续航级端燃药形组合而成,两级推进剂分别采用不同性能的改性双基推进剂。为了解这种装药的设计方法,按假设的弹道性能参数要求,结合实例对该组合装药进行了设计,详见第4章。发动机结构如图3-12所示。

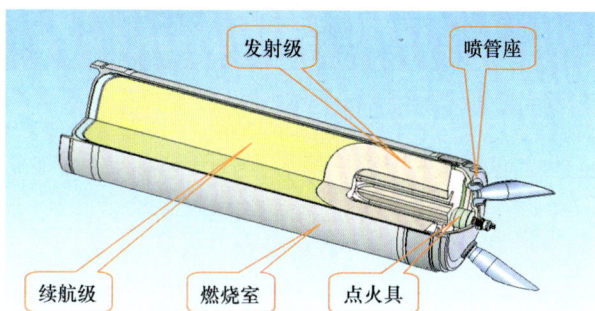

图3-12　星形-端燃药形双推力发动机结构

（2）燃烧室壳体。金属壳体结构与装药结构相适应,为半闭式筒形,前端底部为球形,与筒身为一体结构,可采用45CrNiMoVA（D6AC钢）经旋压工艺制成;壳体内表面采用常温固化柔性隔热涂层。后端用锯齿螺纹和端面环形槽结构与喷管座组件连接,以保证长时间工作的密封性能。

（3）喷管座组件。喷管座组件由金属后盖、喷管定位套、钼喷管、隔热垫、缓冲垫等组成（图3-13）。

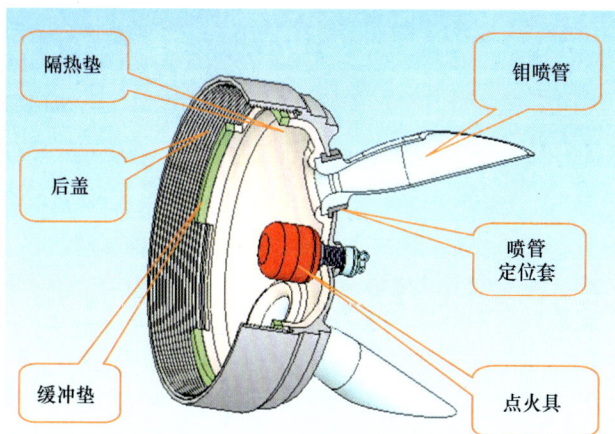

图3-13　星形-端燃药形喷管座组件

2）结构特点

发动机壳体与总体件连接简单,结构质量轻。后盖通过端面密封槽、锯齿螺纹和半圆形环形密封圈形成迷宫式密封结构,保证发动机长时间工作的结构密封(图3-6)。钼喷管与定位套采用过盈配合,通过加压将喷管压入定位套,形成反装喷管的密封结构。再将压装后的喷管和后盖组件装入模具中,采用热压成形工艺,在后盖内表面上成形碳化复合材料的隔热垫,形成整体密封结构。

2. 管槽—端燃药形双推力发动机

该发动机装药的第一级采用管槽药形,与端燃药形组成双推力组合装药发动机。由于管槽药形的装填密度高,选用的推进剂比冲较高,以及续航级端燃推进剂药柱的燃速较高,这些选择能有效增加第一级装药质量,使其具有较高的推力冲量。续航级药柱长,工作时间较长,装药量较大,能使该双推力发动机具有结构紧凑、装填密度高、发动机的总推力冲量较大等特点,适于导弹高速远程飞行。发动机结构见图3-14。组合装药设计见第4章。

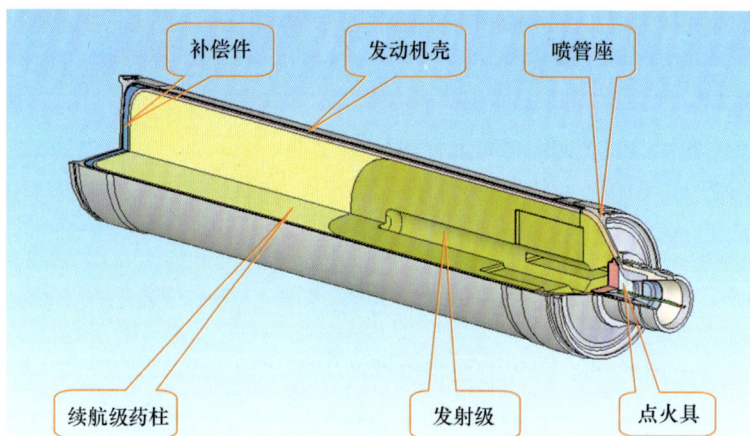

图3-14　管槽—端燃药形双推力发动机结构

3. 内外燃管状—端燃药形双推力发动机

该发动机装药的第一级为内外表面燃烧的管形装药,无包覆层。与星形—端燃药形双推力发动机相比,其第一级由内外表面燃烧管形药柱和第二级端燃药柱组成,是又一种双推力装药结构形式。设计的用意是要在装药第一级工作期间,消除由包覆层参与燃烧而产生的烟雾。该发动机装药结构,也曾在某型号导弹的信号传输飞行试验中使用,取得预期的试验效果。地面静止试验的发动机结构如图3－15所示。

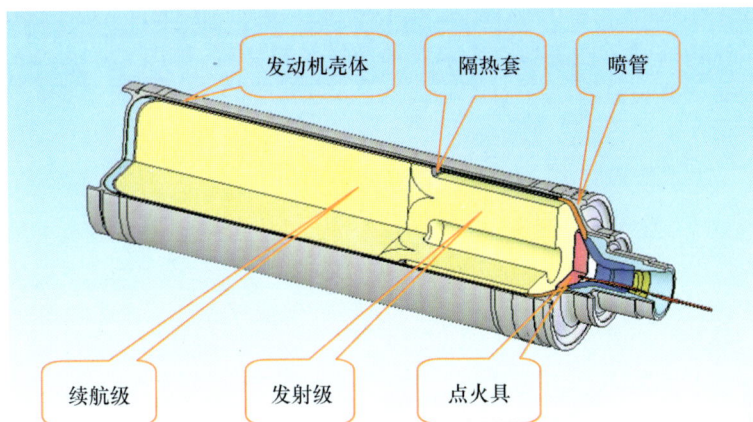

图3－15　内外燃管形－端燃药形双推力发动机结构

1）结构组成

发动机也由组合装药、燃烧室壳体、喷管座组件、点火具等零部件组成。地面试验用喷管为单喷管,由钼喉衬,碳复合材料隔热背衬和喷管座隔热衬垫组成,并采用模压工艺制成整体结构件,这种一体结构件的隔热和密封性能较好。该组合装药设计见第4章。

2）结构特点

该发动机装药的第一级为内外燃管状药柱,燃气直接烧蚀和冲刷燃烧室内壁,为防止燃烧室金属壳体受高温影响和支撑药柱的需要,在燃烧室后端与外燃烧面相对处,采用了隔热套隔热和支撑结构,对壳体进行隔热和支撑装药,如图3－2和图3－3所示。发动机壳体及连接结构均与星形—端燃药形双推力发动机相同。

3.5.2　三推力发动机

三推力组合装药发动机是在双推力的基础上发展起来的。在某导弹项目研制初期,采用单室双推力发动机作为导弹的发射和飞行动力,但由于续航级受到推进剂燃速的限制,在续航级低压工作条件下燃速较低,造成导弹飞行时间过长而不能满足弹道指标要求。

为解决这一问题,采用在发射和续航两级间,再加一级增速级,使其具有高于续航级推力的性能,同时减少续航级药柱燃烧时间,达到缩短导弹飞行时间的目的。经采用这种三推力组合装药设计,满足了导弹飞行时间要求,达到了预期目的。按虚拟的弹道性能参数要求设计的发动机结构,如图 3-16 所示。这种三推力组合装药设计见第 4 章。

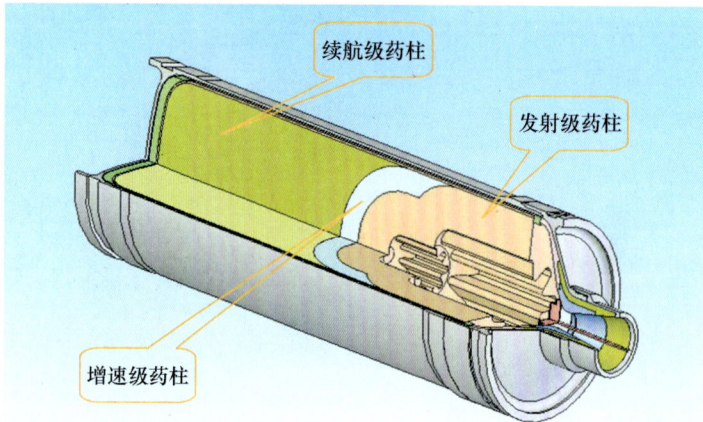

图 3-16　双星形—端燃药形三推力发动机结构

1. 结构组成

三推力发动机与双推力发动机一样,主要由组合装药、燃烧室壳体、喷管组件、点火具等组成。所不同的是用于该发动机的装药为三推力组合装药。

2. 结构特点

三推力组合装药是通过设计三级不同的药形实现的。对于三级推力的药形,可根据弹道参数要求,设计不同的药形组合,如双星孔—端燃药形、星形—管槽形—端燃药形、星孔—梅花药形(多圆弧形)—端燃药形等组合。经试验选择,双星孔—端燃药形结构简单,工艺成形方便,这种药形结构已被导弹产品应用。

3.5.3　四推力发动机

在单室多推力发动机的导弹飞行试验中,续航级长时间的巡航飞行后,可能出现弹道末端因飞行过载低使导弹控制力不足的问题,也有的导弹在飞抵目标时导弹飞行速度过低而影响战斗部毁伤效果。四推力组合装药发动机就是针对这些问题，基于导弹在末段飞行的动力需求研发的。其主要的设计思路是，在续航级后再加一级加速级。增加这一加速级的作用是，在短时间内迅速增加发动机的推力，以其较大的推力冲量增加导弹的飞行速度，而且是用增加的推力来增加导弹飞行的使用过载，从而增大导弹的控制力。经试验考核的四推力组合装药发动机如图3-17所示。

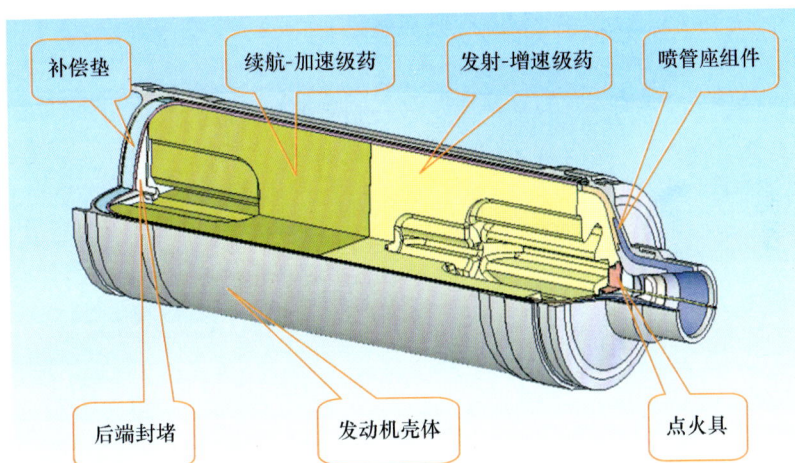

图3-17 星形—管槽形—端燃形—管槽药形四推力发动机

1. 结构组成

四推力发动机与其他多推力发动机一样，主要由组合装药、燃烧室壳体、喷管组件、点火具等组成。所不同的是用于该发动机的装药为四推力组合装药。

2. 结构特点

四推力组合装药是通过设计四级不同的药形和选择不同性能推进剂制成的。适合这种四级推力的药形，也要根据弹道参数要求，设计不同的药形组合，该四推力组合装药药形：发射级为星形与四条径向槽的管槽形相组合的药形；增速级是由发射级燃烧过渡后的管槽形药形；续航级是由增速级燃烧过渡后的实心弧形球面药形；而加速级则为带四条经向槽的管槽形。四推力装药设计见第4章。各级药柱分层燃烧结束时的药形结构分别如图3-18~图3-20所示。

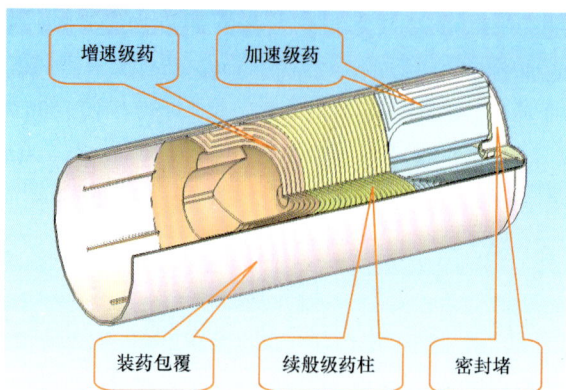

图 3 – 18　发射级药燃完时的组合装药

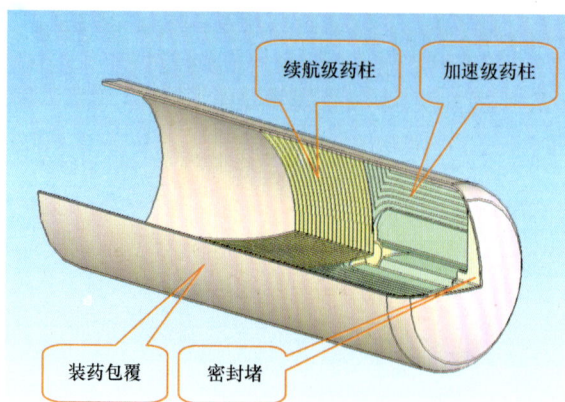

图 3 – 19　发射、增速两级药柱燃完时的组合装药

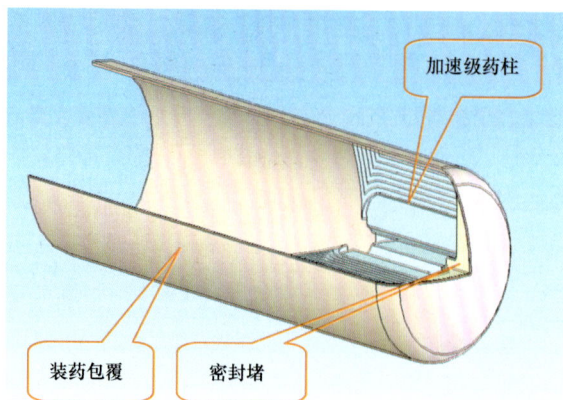

图 3 – 20　发射、增速和续航三级药柱燃完时的组合装药

Chapter 4
Combination propellant grain design

第4章   组合装药设计

多推力组合装药是由组合药柱和外侧面包覆组成。包覆的作用是保证被包覆表面的可靠阻燃,使装药按预定的燃烧规律燃烧。组合药柱由不同药形和具有不同燃烧性能的推进剂组成:高燃速推进剂与大燃烧面的药形相组合,构成大推力药柱;低燃速推进剂与端面燃烧的小燃面相组合,构成续航级小推力药柱。多推力组合装药能产生不同推力,主要是通过设计这种不同组合药柱结构和选用不同燃速推进剂来实现的。

组合装药被用于各种推进形式的固体推进剂发动机,如单级推力发动机组合装药、分立形式的组合发动机装药、长细比较大的发动机装药等。这些发动机采用组合装药,有的是用来增大发动机装药的装填密度,增加发动机装药质量;有的用于减小装药燃烧时的通气参量,降低初始压强峰值等。而单室多推力组合装药,主要是通过发动机功能设计和性能设计,满足导弹或其他推进动力装置的多种动力需要。

4.1 组合装药设计技术要求

由于多级推力组合装药弹道性能和推进功能与单级推力装药有较大不同,对推进剂的技术要求也有所不同。主要是对相应性能参数的范围要求不同。

4.1.1 推进剂一般性能要求

1. 比冲

对大推力发射和增速级使用的推进剂,要求推进剂在较高压强下具有较高的比冲,以保证有足够的推力冲量;而续航级则要求推进剂在低压强下具有较高的比冲,以能充分发挥推进剂在低压下工作的能量。

2. 燃速

为增大多推力发动机的最大推力比,除了尽量增大不同药形的燃烧面积比以外,主要靠调整所用不同推进剂的燃速来达到,不同推进剂的燃速相差越大,不同推力级间的推力比就越大。

3. 压强指数

与单级推力装药一样,压强指数具有减缓偶然因素引起压强波动的稳定作用,要求在推进剂使用压强范围内,应尽量小。

4. 压强温度敏感系数

为使装药在高低温下各弹道性能参数散布小,也要求压强温度敏感系数尽量小。

5. 推进剂密度

推进剂密度越大,发动机提供的交付比冲(推进剂密度与发动机比冲的乘积)越大,发动机的推进效能越高。

4.1.2 燃烧性能的特殊要求

1. 对燃速的特殊要求

为保证续航级有足够的工作压强,对端面燃烧的续航级药柱,需要推进剂在低压下具有较高的燃速,并有较好的燃烧稳定性。对于两级共用一种推进剂时,要求该推进剂具有较宽泛的燃烧特性,如,压强指数在较宽的使用压强范围内要尽量小,燃速值符合要求,并能在一定压强范围内可调等。

2. 推进剂的适用压强范围

与单级推力装药相比,多级装药所用推进剂的使用压强范围更大。特别是在发射、增速两级或续航、加速两级分别共用相同推进剂的情况下,所用推进剂要在较大的压差下能稳定工作,因而要求所用推进剂应能适应更大的压强范围。

3. 其他要求

对于推进剂的力学性能、安全性能、环境适应性等要求与单级推力装药相同。

上述技术要求,在选用推进剂或按产品要求研制推进剂时,要予以注重。

4.2 组合装药结构特征

单室双推力组合装药结构如图4-1所示。三推力组合装药结构如图4-2所示,四推力组合装药结构如图4-3所示。对四推力组合装药,发射级燃烧后形成的增速级、续航和加速级待燃烧装药分层燃烧结构如图4-4所示。

图4-1~图4-4所示的多推力组合装药,与普通单级推力装药燃面燃烧的推进方式有较大不同,它是由两种以上的推进剂和药形组成,在装药燃烧过程中,按垂直于燃烧表面(即沿燃烧表面的法向),向不同的方向推进燃烧(如图4-4分层燃烧线所示),通过以不同燃速、不同形状燃烧面燃烧,产生不同的气体流量,形成不同的弹道性能参数,来实现导弹飞行动力变化的需要。

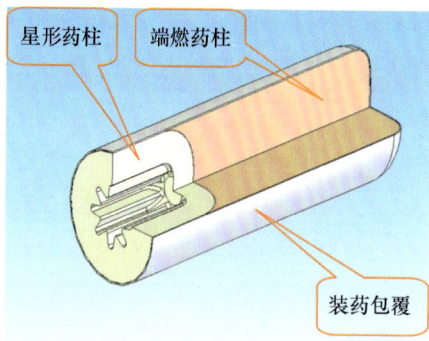

图 4 - 1　单室双推力组合装药结构图

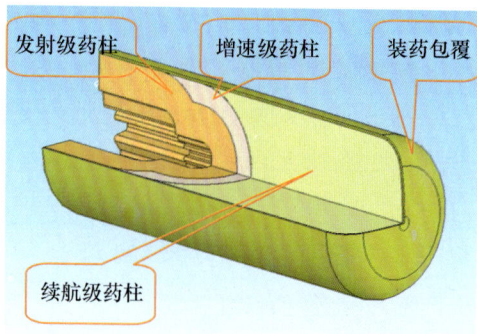

图 4 - 2　单室三推力组合装药结构图

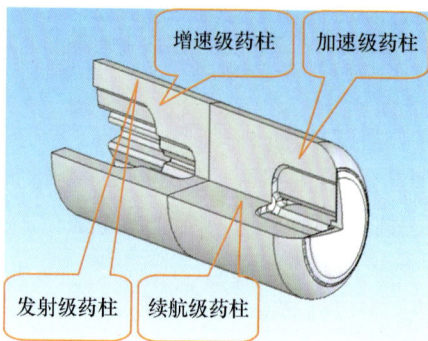

图 4 - 3　单室四推力组合装药结构图

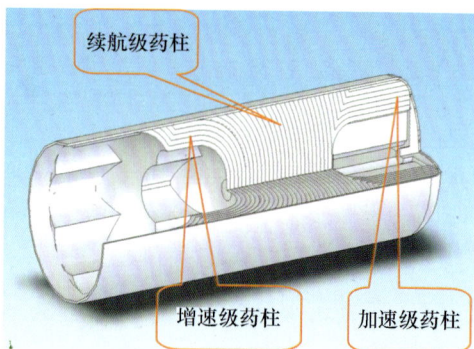

图 4 - 4　增速、续航和加速级待燃烧装药

4.3　组合装药性能特点

4.3.1　组合装药综合性能

　　单室多推力装药不仅具有多功能的特点,反映动力推进效果的综合性能也较好。对飞行动力型动力推进系统,常采用发动机的质量比和冲量比来表征。质量比是指装药药柱质量与发动机总质量之比;冲量比是指装药总冲与发动机总质量之比。质量比越大,发动机的消极质量越小,结构性能越好;冲量比越高,其动力推进效能越高。在满足导弹总体性能要求条件下,通过对同类型发动机综合性能比较,可以看出单室双推力发动机的弹道性能、结构性能比两台发动机组合的动力推进形式要好。将国内外几种常见的双推力发动机综合性能作一比

较,见表4-1。

表4-1 国内、外几种飞行动力型发动机综合性能比较

比较项目	国 内			国 外					
	某型导弹	某型导弹	某型导弹	TOW 陶式	HOT 霍特	MILAN 米兰	Swingfire 旋火	VIPER 蝰蛇	FLAME 火焰
发动机类型	单室双推	双发动机	双发动机	双发动机	双发动机	单室双推	单室双推	单室双推	单室双推
装药形式	两种药两种药形	分立装药	分立装药	分立装药	分立装药	两种药一种药形	两种药一种药形	一种药两种药形	一种药两种药形
装药质量/kg	5.5	2.2	1.53	2.59	5.5	0.92	5.7	10.5	35.5
发动机质量/kg	10.4	4.5	4.3	5.74	11.7	2.1	12.2	22.6	71.2
总冲/kN	11.6	3.78	3.35	4.6	9.6	1.8	11.4	21.2	70.5
质量比	0.53	0.49	0.48	0.45	0.47	*0.44	0.46	0.51	0.54
冲量比	1.01	0.84	0.78	0.8	0.82	0.85	0.93	0.94	0.98

注:计算带*号数据的发动机总质量时,因含燃气导流管质量,质量比偏小

　　表4-1中实际数据表明,采用单室双推力的产品发动机,除有导流管结构质量影响的产品外,其质量比大多超过0.5,冲量比均超过0.9,明显优于两发动机组合的结构性能和推进效能。

4.3.2 对组合装药性能的需求

1. 不同弹道飞行段的动力需求

　　导弹飞行弹道的飞行段不同,需要动力系统提供的动力推进参数也不同,推力方案也不相同。近程短时间飞行的战术导弹,单级推力装药即可满足导弹飞行需要,这种装药提供的推力随时间的变化关系(常称推力方案)虽然简单,但飞行效率较低,典型的推力曲线如图4-5所示。对中、远程飞行的导弹,则需要动力系统提供不同飞行段的动力,包括发射段、增速段、续航段和加速段等,典型的推力方案曲线如图4-6~图4-8所示图$F-t$表示推力曲线,$P-t$表示压强曲线。这种合理的弹道性能设计,可大大提高导弹的飞行性能,特别对中大直径的导弹更为明显。

　　单室多推力组合装药可实现用一台发动机,为导弹飞行提供不同飞行段的推进动力。在导弹发射时段,提供短燃时、大推力的发射动力;在增速段,可为导弹飞行提供较大的推力和推力冲量,使导弹尽快远离发射场地或发射平台,同时

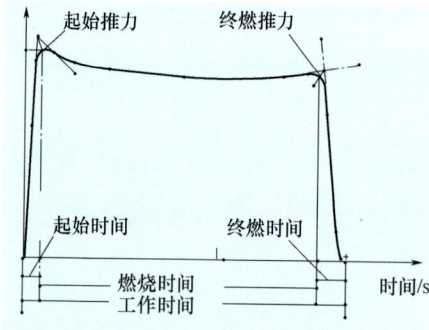

图 4-5　单级装药推力曲线及特征参数

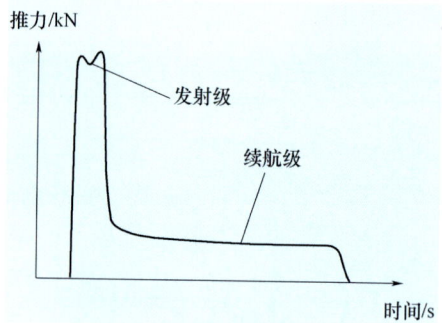

图 4-6　单室双推力组合装药推力曲线

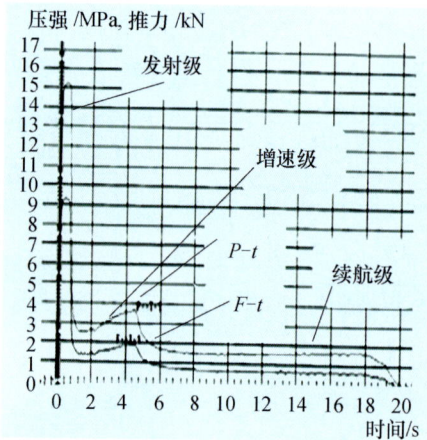

图 4-7　单室三推力组合装药推力曲线

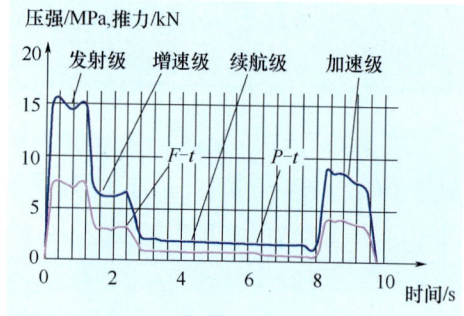

图 4-8　单室四推力组合装药推力曲线

可大大缩短导弹全程飞行时间;在续航段可为导弹飞行提供克服飞行阻力和重力的续航级较小的推力和较大的推力冲量,以满足射程需要。为增加杀伤爆破、侵彻等类型战斗部歼毁目标时的速度,或增加导弹在末段飞行的使用过载,以增大导弹的控制力,保证导弹具有良好的作战效能,有的导弹还需在飞行末段加速飞行,需要通过加速级装药提供的动力来完成。通过单室多推力组合装药设计,可实现不同弹道飞行段多种功能的动力需求。

2. 改善导弹结构性能的需求

如前所述,单室多推力装药发动机,能集中实现多功能动力推进的需求,在一定条件下可代替多台发动机的推进功能。其主要优点是,不仅使导弹的气动外形更为合理,有利于减少飞行阻力,同时,由于减少多台发动使用的喷管、燃烧室内的其他结构件等,使发动机的结构更为紧凑,有效减少了消极质量。对相同质量要求的导弹,由于装药量增加,使导弹的飞行距离增加;反之,对同一射程要求的导弹,单室多推力装药可有效增加有效载荷,也使导弹的作战性能得到提高。

3. 提高动力推进效能的需求

在三级变推力装药研制中,曾对两级变推力与三级变推力装药发动机,在我国研制的某型号导弹上进行过对比飞行试验,结果表明,在相近装药质量和飞行条件下,有增速级的三级变推力装药发动机,使导弹射程由 8km 增至 9.2km。这除了与导弹飞行的弹道性能有关外,三推力装药的增速级增加了推力冲量,增长了保持导弹飞行高过载的时间和距离,起到了与外弹道性能相匹配的作用,从而对推进效能的提高起到了很好的作用。

4. 远程高速飞行动力的需求

根据远程高速飞行的需要,在续航级选择低压下工作,并使用具有高燃速推进剂的条件下,在增速时间段,可为导弹增速飞行提供较大推力和推力冲量。通过发射和增速级装药设计,使其达到足够的装药量,导弹飞行可达到最大的飞行速度。再以能长时间工作的续航级较大的装药量,为导弹飞行提供长时间的续航动力,用以克服飞行阻力和导弹的重力,并保持较高的飞行速度,可大大减少无动力飞行时间,提高平均飞行速度,实现远程高速飞行。

5. 大推力比使用范围的需求

如前文所述,最大推力比是指多推力组合装药推力最大的那一级平均推力与推力最小的那一级平均推力之比。该比值越大,各级间的推力参数调整的范围越大,满足导弹总体性能参数的技术方案越多,多推力组合装药发动机的使用范围也越大。已经装备导弹产品所用的单室双推力发动机最大推力比为 8:1;单室三推力发动机的最大推力比已达到 13:1。单室四推力组合装药的最大推力比可达 16:1。可见高推力比的单室多推力发动机,因推力比的适用范围较大,已被多种导弹型号研制所采用。在一定条件下,发动机所达到的最大推力比水平越高,可以满足导弹多功能动力推进的使用范围越宽。

4.4　推进剂的选择

推进剂的选择要根据装药设计要求来进行。先根据组合装药要满足的弹道性能需求来选择,与选择单级推力装药推进剂所不同的是,要充分考虑各级装药弹道性能参数之间的协调性、燃烧性能的可调性,以及续航级推进剂在低压下能量释放的充分性等。

4.4.1 推进剂的能量特性

单室多推力发动机设计,在满足设计技术要求的条件下,也要追求发动机具有较高的推进效能,这一点与单级装药发动机设计是相同的。其中采用能量特性较高的推进剂是一项重要的选择。浇铸工艺成形的改性复合或改性双基推进剂,如 NEPE、CMDB、XLDB 推进剂,这些推进剂的实测比冲均超过 2450N·s/kg,推进剂的密度大于 1.72g/cm³,都可作为组合装药的发射或增速级推进剂。如某组合装药增速级采用的改性双基推进剂,实测比冲已达到 2400N·s/kg,推进剂的密度为 1.72g/cm³。交付比冲(比冲与密度乘积)比一般改性双基推进剂提高近 15%。该推进剂的主要性能实测结果见 4.5.4 节表 4-2。

选择续航级推进剂的最大不同点是,要选择低压下具有较高能量特性的推进剂,低压下推进剂的比冲越大,装药的推进效率也越高。目前所用续航级推进剂已达到 3MPa~5MPa 下,实测比冲大于 2200N·s/kg。

显然,采用推进剂的能量特性越高,密度越大,在相同发动机质量比的条件下,发动机交付比冲越大,发动机的推进效能也越高。

4.4.2 推进剂的燃烧性能

以四推力组合装药为例,组合装药的发射和增速级,常采用一种推进剂,而续航和加速级,采用另一种推进剂。这两种推进剂都要在压强变化较大的工作条件下燃烧,这就要求推进剂在较宽压强范围内具有较好的燃烧特性,以满足弹道性能要求,保证装药稳定正常燃烧。这里所说宽范围的燃烧特性,主要是指所用推进剂在较大的适用压强范围内,压强指数要低,压强温度敏感系数要小,燃烧稳定性要好。

一般地,要求发射和增速两级共用推进剂的压强范围为 12MPa~20MPa,推进燃速随压强的变化应平缓,其压强指数小于 0.4。随温度变化的压强散布要小,其压强温度敏感系数应小于 0.40%/℃。

现已应用在三推力组合装药的发射、增速级推进剂的燃烧性能,已达到这种宽范围燃烧特性要求。现将某牌号推进剂的燃速数据列在 4.5.4 节表 4-2 中,燃速随压强的变化曲线如图 4-10 所示。该推进剂的燃烧性能很适合用作发射和增速级推进剂。所具有的宽范围燃烧特性,为多推力组合装药的应用奠定了很好的技术基础。

组合装药续航和加速级推进剂的压强范围一般在 2.0MPa～5.0 MPa,其压强指数要小于0.3,压强温度敏感系数要小于0.30%/℃。选择续航级推进剂的最大不同点是,在低压下推进剂要有较高的燃速,燃速越高,越有利于发射和增速两级实现高装填密度装药设计,可有效增加多推力组合装药的装药量。

4.4.3　推进剂燃烧稳定性

在共用喷管的单室多推力发动机中,续航级推进剂是在低压下燃烧的,推进剂的燃烧性能要保证装药在低压下工作稳定,临界压强要低。近年来,通过合理设计推进剂的配方,使改性双基推进剂的临界压强达到了 1.0MPa 的要求,这就保证了多推力的续航级推进剂,在低温最小压强下燃烧的稳定性。现使用的多推力装药续航级推进剂,已可以满足低温工作压强在 1.5MPa～2.4MPa 范围。这种低压工作参数,可使发射级燃烧室的压强设计在合适的范围内,实现为导弹长时间巡航飞行提供仅用作克服飞行阻力的较小推力。这也是中、远程导弹续航飞行,以及远程布撒器、远程干扰弹等动力推进装置飞行动力所需求的。

4.5　组合装药设计

4.5.1　设计内容

多推力组合装药设计和单级推力装药一样,也要经过初步设计和详细设计来完成。

1. 初步设计

初步设计,是根据单室多推力发动机弹道性能、结构尺寸和所选推进剂的主要性能参数,计算药形设计所需要的参数和药柱尺寸,如药柱质量、所需燃烧面积、药柱长度等,作为设计药形、选择和确定推进剂主要性能参数要求的依据,为制定装药技术要求和进行详细设计提供依据。

2. 详细设计

确定药形后,在初步设计基础上,计算燃烧面随燃层厚度变化、药柱质量随燃烧时间变化及内弹道曲线,计算装药弹道性能等,为导弹总体提供所需的逐点数据。对于主要弹道性能数据偏离要求值时,在进行详细设计中,要做必要的设计调整,最终使装药设计计算的各性能数据,均能满足多推力组合装药发动机设计技术要求。这些都要通过详细设计计算来完成。

4.5.2　设计依据

　　装药设计的主要依据是发动机设计技术要求。根据发动机设计技术要求制定装药技术要求,并作为推进剂选择、药形设计、装药性能设计和研制装药的依据。因组合装药药形比单级推力药形几何参数间的关系要复杂,所用推进剂性能也有较大差异,组合药形各项示性数的计算,各级弹道性能的计算要比单级推力装药复杂,药形尺寸的修改与调整和性能参数的修正,也要比单级推力装药复杂得多,因此,制定好多推力组合装药技术要求尤为重要,有些性能参数需要经过试验和设计调整后才能最后确定。

4.5.3　设计方法

　　装药设计的计算方法较为成熟,对于发动机产品研制的设计计算,常采用工程计算与理论分析计算相结合的方法;也可采用实物仿真软件,进行图形计算与数模分析相结合的方法。

　　(1)根据装药技术要求中的弹道参数要求,先进行装药弹道性能计算。多推力组合装药的续航级要在低压强下工作,才能使多推力组合装药具有较大的推力比,弹道性能参数计算常常先从续航级开始,再根据逐级参数要求,分别进行设计和计算。

　　(2)设计计算常用工程计算公式,如:由总冲或推力,按 $W_p = k \cdot I_0/I_{sp} = k \cdot F_{sp} \cdot t_b/I_{sp}$ 关系式确定药量;由燃烧时间、推进剂燃速,按 $e_1 = u \cdot t_b$ 关系式确定燃层厚度,由推力公式,按 $S_b = F_{cp}/I_{sp} \cdot \rho_p \cdot u$ 来确定所需燃烧面积;由推进剂质量 W_p 和通气面积 A_{np},按 $L_p = W_p/[\rho_p \cdot (\pi/4 \times D_p^2) - A_{np}]$ 关系式确定药长等,根据这些计算结果,初步确定出各级药形参数。

　　上述关系式中, W_p 为药柱质量, k 为余量系数, I_0 为发动机总冲, I_{sp} 为推进剂比冲, F_{cp} 为发动机平均推力, t_b 为装药燃烧时间, u 为推进剂燃速, e_1 为装药最大燃层厚度, S_b 为燃烧面积, A_{np} 为通气面积, L_p 为药柱长度, ρ_p 为推进剂密度, D_p 为药柱外径。

　　(3)多推力组合装药的药形都属于变截面药形,设计实践表明,采用三维绘图软件相应的菜单和命令,可直接计算出所需药形参数,比采用药形参数公式计算更便捷。

　　根据设计计算的药形参数和相关结构尺寸,进行三维作图。因所用绘图软件的不同,绘图方法也各有差异,但这些软件都能计算面积、质量和周边长等,有的软件还具有分层作图和数值分析的功能。一般都通过人机交汇界面进行。打开相应的窗口后,在菜单或工具栏中点击相应的命令,即可完成药柱各种示性数的计算,并在结果栏中显示计算结果。

(4)将计算所得结果输入相应数据处理程序或软件,可按装药设计计算需要,进行数据处理和分析,绘制所需的曲线。

4.5.4 设计实例

参考产品应用、方案试验和课题研究的单室多推力发动机,按照单室多推力发动机一般设计技术要求,以虚拟的弹道性能要求和设计条件,对单室双推力到四推力组合装药,采用三维图形法进行设计与计算,给出工程设计的计算方法和结果。

1. 星形—端燃双推力组合装药

该装药采用的药形:发射级为侧面燃烧星形药形,续航级为端面燃烧药形。由药柱外径 D_p、燃层厚度 e_1(E_1)或特征长度 L、星孔深度 h、星角数 n、星边夹角 θ、星根圆半径 r、星顶圆半径 r_1、星角系数 ε (E^*)、星孔与端燃面过渡半径 R_g、过渡段长度 L_g、端燃药形终燃面与外侧燃面过渡圆弧半径 R_{gc}、端燃药形终燃面底部圆弧半径 R_{gd} 及组合药柱总长 L_p 来确定。各参数所表征的几何尺寸如图4-9所示。

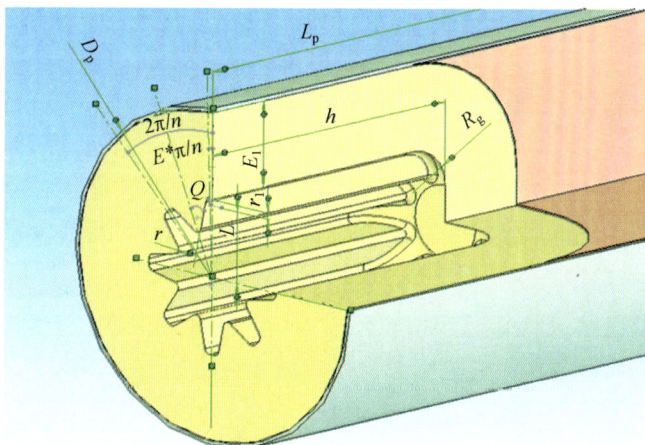

图4-9 星形—端燃组合药形几何参数

这种组合药形装药的装填系数较高,发射级弹道性能参数调整范围较大;缺点是,当燃层厚度大时,发射级压强曲线尾段上翘,升压比较大。

1）设计输入

根据该装药发动机设计技术要求，要将主要结构与质量参数、推进剂性能参数、弹道性能参数等作为设计输入，装药设计的输出结果需满足这些输入参数。

（1）结构参数。本例根据发动机直径和壳体隔热层厚度，确定装药外径为164mm；侧面包覆厚度为2mm，发动机长度小于600mm。

（2）弹道性能要求：

工作温度为 $-40℃ \sim +50℃$ ；

发动机发射级平均推力为8kN；

发动机发射级工作时间为1.2s～1.6s，计算参数选中间值1.4s；

续航级平均推力为1.0kN～1.3kN，计算参数选中间值1.15kN；

续航级工作时间为20s～24s，计算参数为22s；

发动机总工作时间小于25s

发动机总推力冲量大于35kN·s。

2）初步设计

初步设计主要是对推进剂进行选择，确定主要性能参数；在此基础上根据装药技术要求，对药形设计时所需要满足的参数进行计算。

（1）推进剂选择。推进剂选择，要使其各项性能和成形工艺满足装药技术要求。本组合装药的发射级采用淤浆浇铸工艺成形的少烟改性双基推进剂，续航级采用造粒浇铸工艺成形的改性双基推进剂。

【发射级】

推进剂比冲：

发射级选用推进剂的能量应尽量高，以使导弹的初速满足发射要求。选择产品使用的现成推进剂，推进剂的实测比冲为：$+20℃$ 时，推进剂比冲 I_{spF} 大于2400N·s/kg（15MPa）。

推进剂燃速：

该推进剂的燃速在一定范围内可调。根据发动机工作时间要求，选择在装药工作压强15MPa下，燃速 u_F 为30mm/s。

推进剂密度：

该推进剂的密度为 ρ_{pF}：1.7×10^{-3} kg/cm^3；

推进剂压强指数：

在适用压强范围（13MPa～20MPa）内，推进剂压强指数 n_F 小于0.3。

所选推进剂的主要性能,包括实测比冲和燃速值见表4-2,燃速仪测得的燃速见表4-3。

表4-2 某型号用改性双基少烟推进剂的能量实测数据

试验发动机	工作压强/MPa	燃速/(mm/s)	特征速度/(m/s)	实测比冲/(N·s/kg)
50mm 发动机	16.6	30.95	1592	2406
产品发动机	14.4	30.86	1483	2323(斜置30°喷管)

表4-3 选用的改性双基少烟推进剂的燃速数据

压强/MPa	12	14	16	18	20	备注
燃速/(mm/s)	28.2	29.2	29.8	30.4	31.2	燃速仪测试

燃速公式为

$$u = u_1 \cdot p^n = 17.57 p^{0.19}$$

燃速随压强变化曲线如图4-10所示。

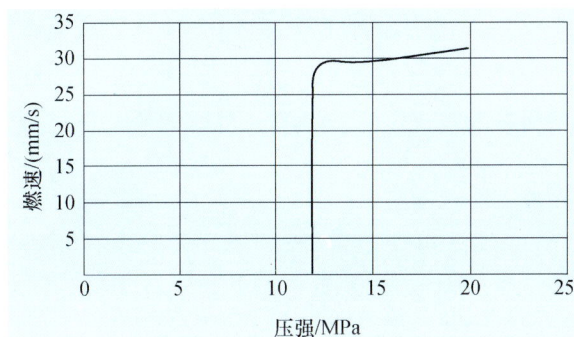

图4-10 燃速变化曲线

【续航级】

实测比冲:

续航级也选用在低压下能量发挥较充分的现成推进剂。推进剂的实测比冲 I_{spx} 为 +20℃时,推进剂比冲要大于 2100N·s/kg(3.0MPa)。

推进剂燃速:

根据发动机总工作时间要求和装药长度计算结果,续航级推进剂的燃速 u_x 在 2.0MPa ~ 3.0MPa 压强下,燃速范围 13mm/s ~ 16mm/s,计算参数确定在 2.5MPa 压强下,为 15mm/s。

压强指数：

在 2.0MPa ~ 5.0MPa 压强范围内，压强指数 n_x 小于 0.25。

临界压强：

推进剂临界压强 p_{lj} 小于 1.5MPa。

推进剂密度：

该造粒推进剂的密度 ρ_{px} 为 $1.68 \times 10^{-3} \ kg/cm^3$。

（2）设计药形所需的参数。星形 – 端燃药形需满足装药设计给定的几何尺寸，如药柱外径、药柱总长等；还需要根据装药弹道性能参数要求和推进剂性能，计算出确定发射级星形药形的依据性参数，发射、续航两级药柱燃烧面积，以及星孔深度、质量和药柱长度等。

【发射级】

计算推进剂质量：

计算发射级推进剂质量，要在选定推进剂比冲的条件下，需满足发射级总冲要求。

$$W_{pF} = k \cdot F_{cpF} \cdot t_{bF}/I_{spF} = 1.02 \times 8.0 \times 1.4/2.4 = 4.76kg$$

式中：$F_{cpF} = 8.0 \ kN$ 为发射级平均推力；$t_{bF} = 1.4s$ 为发射级药柱燃烧时间，都是发动机总体要求的指标参数；$I_{spF} = 2.4 \ kN \cdot s/kg$，为所选推进剂的实测比冲值；$k$ 为余量系数。

计算平均燃烧面积：

$$S_{bF} = F_{cpF}/ \ (\ I_{spF} \cdot \rho_{pF} \cdot u_F)$$
$$= 8.0/(2.4 \times 1.7 \times 10^{-3} \times 3.0) = 653.6cm^2$$

式中：S_{bF} 为满足推力要求所需要的平均燃烧面积；ρ_{pF} 为发射级推进剂密度，取 $1.7 \times 10^{-3} kg/cm^3$；$u_F$ 为所选推进剂的燃速，在 15MPa 压强下，燃速 u_F 为 30 mm/s。

根据该药形燃烧面积的计算结果，来确定发射级星形药形参数，其平均燃烧面积应接近 $653.6cm^2$。发射级推进剂质量要接近 4.76kg。

计算燃层厚度：

$$E_1 = u_F \cdot t_{bF} = 3 \times 1.4 = 4.2cm$$

星形顶圆直径为

$$D_x = D_p - 2E_1 = (16 - 2 \times 4.2) = 7.6cm$$

式中：D_x 为星形药形的顶圆直径，显然，由发射级推进剂的燃速 u_F 和药柱燃烧时间 t_{bF} 来确定。

【续航级】

计算推进剂质量：

$$W_{px} = k \cdot F_{cpx} \cdot t_{bx} / I_{spx} = 1.02 \times 1.15 \times 22/2.1 = 12.3\text{kg}$$

计算平均燃烧面积：

$$S_{bx} = (\pi/4) \cdot D_p^2 = (3.14/4) \times 16^2 = 201.0\text{cm}^2$$

初步计算续航药柱长度：

$$L_{px} = W_{px}/S_{bx} \cdot \rho_p = 12.3/(201.0 \times 1.68 \times 10^{-3}) = 36.4\text{cm}$$

续航级燃烧面积是按平直端面积估算的,实际燃面近似圆弧球面,更准确的燃烧面积和续航级药柱长度还要根据发射级药形过渡到续航级的球形燃烧面积加以修正,这要在详细计算中,利用三维分层作图计算的方法来完成(见详细设计部分)。

按上述两级药形参数初步和详细计算结果,绘出装药图,如图 4 - 11 所示。

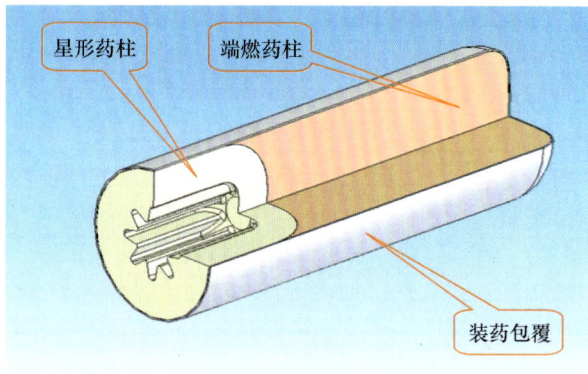

图 4 - 11 星形 - 端燃双推力组合装药

3) 详细设计

主要是根据弹道性能参数要求,计算和调整各级药形参数,计算燃烧面随燃层厚度变化逐点数据和曲线,压强随时间变化逐点数据和曲线,即内弹道计算。可采用三维图形法,分层计算燃烧面随燃层厚度推移,绘制分层组合药柱图,并按分层图计算燃烧面随燃层厚度的变化。该组合药柱的分层计算图如图 4 - 12 所示。燃烧至 20mm 时的装药如图 4 - 13 所示,其内表面和前端面面积之和,即为发射级燃至 20mm 的瞬时燃烧面积。通过层层计算,即可得到燃烧面积随燃层厚度变化的逐点数据。

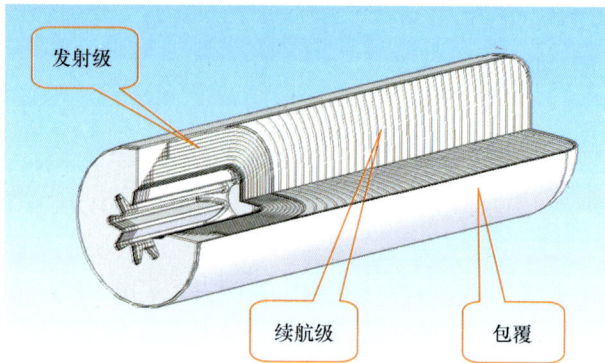

图 4 – 12   星形—端燃分层燃烧装药

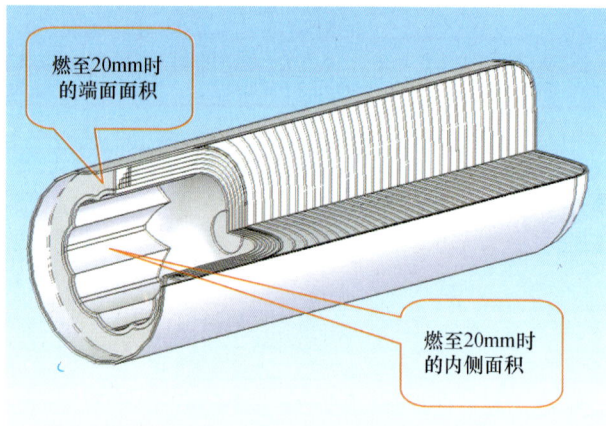

图 4 – 13   燃至 20mm 厚的分层燃烧装药

（1）药形参数。采用初步计算结果，即可进行星形药形参数的计算和调整，并使其满足设计要求。

该药形的星形参数设计，是通过三维图形中对相关几何参数的调整，如改变星角数、星边夹角等药形参数，使调整后的药形燃烧面积和药柱质量等与初步计算结果相近。

现将设计计算结果列于表 4 – 4。

表 4 – 4   发射级为星形的药形参数

药柱外径 D_p/mm	星角数目 n	特征长度 L/mm	星边夹角 Q/(°)	星角系数 E^*	根圆半径 r_1/mm	顶圆半径 R/mm	过渡半径 R_g/mm	星孔深度 H/mm
160	8	35	34	0.91	2.5	3.0	20.0	138

（2）燃烧面随燃层厚度的变化。

【发射级】

采用三维图形法计算得,发射级平均燃烧面积为627.97cm^2,接近初步计算结果(653.6cm^2);燃面随燃层厚度变化逐点数据见表4-5。

表4-5　发射级燃面随燃层厚度变化逐点数据

燃层厚度/mm	燃烧面积/cm^2	燃层厚度/mm	燃烧面积/cm^2
0	653.1	20	647.5
1	666.4	24	665.8
2	667.6	28	690
3	667.6	32	701
4	662.3	36	721.9
8	641.9	40	739.6
12	620.6	42	720
16	632.4		

【续航级】

采用三维图形法计算得,续航级平均燃烧面积为219.39cm^2;燃面随燃层厚度变化逐点数据见表4-6。燃面变化曲线如图4-14所示。

表4-6　续航级燃面随燃层厚度变化逐点数据

燃层厚度/mm	燃烧面积/cm^2	燃层厚度/mm	燃烧面积/cm^2
47	363	147	207.8
57	255.4	157	206.7
67	236.1	167	205.8
77	226.4	207	204.2
87	220.4	237	203.5
97	216.5	337	202.3
107	213.7	347	202.2
117	211.6	357	198.7
127	210	367	175.3
137	208.8	382	0

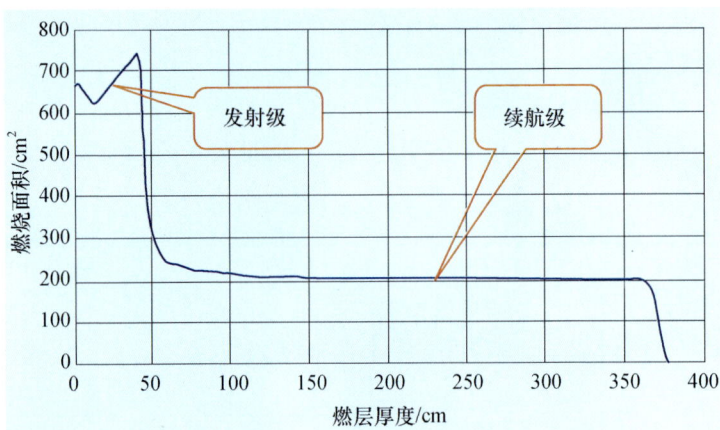

图 4-14 燃面变化曲线

(3) 内弹道计算。内弹道计算是组合装药设计的重要内容,通过计算的压强曲线和推力曲线,看所设计的装药是否满足总体提出的推力方案要求。需根据燃面随燃层厚度变化逐点数据,推进剂的燃烧性能及能量特性参数进行计算。计算方法可采用迭代计算的方法进行。本例的计算结果见表 4-7。压强与推力曲线如图 4-15 所示。

表 4-7 压强及推力随时间变化逐点数据

燃层厚度 /mm	燃烧时间 /s	燃烧面积 /cm²	燃速 /(mm/s)	逐点压强 /MPa	逐点推力 /kN
0	0	653.1	27.89	10.56	7.41
1	0.036	666.4	28.01	10.81	7.59
2	0.071	667.6	27.99	10.84	7.35
3	0.107	667.6	27.99	10.84	7.35
4	0.146	662.3	27.44	10.45	7.33
8	0.292	641.9	27.39	10.35	7.26
12	0.442	620.6	27.18	9.94	6.98
16	0.586	632.4	27.3	10.16	7.13
20	0.718	647.5	27.84	10.45	7.33
24	0.858	665.8	27.98	10.81	7.59
28	0.994	690	28.17	11.27	7.91
32	1.13	701	28.26	11.49	8.06

（续）

燃层厚度 /mm	燃烧时间 /s	燃烧面积 /cm²	燃速 /(mm/s)	逐点压强 /MPa	逐点推力 /kN
36	1.27	721.9	28.42	11.9	8.35
40	1.4	739.6	28.55	12.25	8.6
42	1.48	720	28.42	11.86	8.32
47	1.89	363	24.83	3.31	3.18
57	2.47	255.4	17.42	2.33	1.56
77	3.73	226.4	15.54	2.1	1.24
97	5.08	216.5	14.8	1.97	1.13
107	5.75	213.7	14.61	1.95	1.1
127	7.14	210	14.36	1.91	1.06
147	8.54	207.8	14.21	1.89	1.04
167	9.96	205.8	14.07	1.88	1.02
237	11.4	203.5	13.91	1.85	0.99
367	14.29	202.2	13.82	1.82	0.99
377	15.96	140.1	6	1.73	0.88
382	19.3	70.6	3	1.65	0.86
390	22.7	0	0	0	0

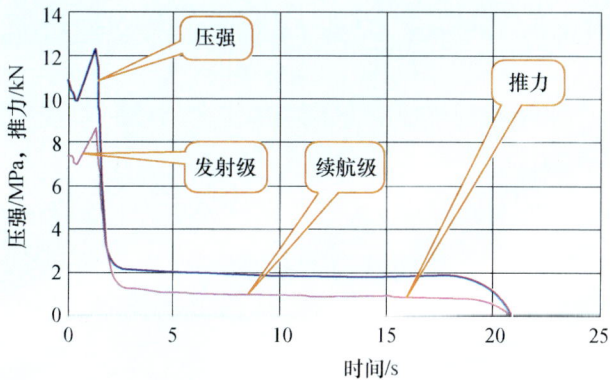

图 4 - 15   压强与推力曲线

4）性能计算

装药弹道性能计算，要在发射、续航两级药形及药形参数确定后进行。主要看计算的结果能否满足设计要求,同时对出现偏差的参数进行调整,使最终的计算结果满足指标参数要求。

如前述,先要根据所设计的药形,按燃层厚度分层作图,计算其平均燃烧面积,同时分别计算两级药柱质量。推进剂的实际性能测得后,平均燃烧面积的大小决定平均推力,药柱质量决定所设计两级药柱的总冲。通过调整药形参数,使其与初步计算结果相一致或相近,再按实测推进剂的比冲、密度和燃速,分别计算两级的平均推力、燃烧时间及燃烧室压强等主要弹道性能参数。计算结果若与要求值相符,即可作为组合药柱方案投入试验和研制。

组合装药的续航级要在低压下工作,以保证发射级在推进剂使用压强范围内,具有较大的推力。而确定续航级燃烧室压强时,要受到续航级推进剂临界压强的限制,低温下要保证续航级最小压强大于临界压强。为充分利用和满足这些计算条件,弹道性能计算也常从续航级开始。

【续航级】

计算续航级燃烧室压强:

低温下,续航级燃烧室压强要大于所选续航推进剂的临界压强。该推进剂的临界压强 P_{lj} 为 1.5MPa。推进剂压强温度敏感系数 $\alpha_p = 0.25\%/℃$,据此,计算常温下续航级燃烧室压强 $P_{+20℃}$。

$$P_{x-40℃} = k_{lj} \cdot P_{lj} = 1.4 \times 1.5\text{MPa} = 2.1\text{MPa}$$

式中:k_{lj} 为余量系数,应在 1.2 ~ 1.6 范围取值。取 $k_{lj} = 1.4$。

由 $\alpha_p = (\ln P_{x+20℃} - \ln P_{x-40℃})/[20 - (-40)] = 0.0025$ 算得

$$P_{x+20℃} = 2.44\text{MPa}$$

常温下续航级燃烧室压强取值为 2.5MPa。

续航级平均推力:

$$F_{cpx} = I_{spx} \cdot \rho_{px} \cdot u_x \cdot S_{bx}$$
$$= 2.1 \times 1.68 \times 10^{-3} \times 1.5 \times 219.39 = 1.16\text{kN}$$

式中:S_{bx} 为按燃烧规律分层计算各燃层厚度的平均值,更为接近实际燃烧面积。进行修正后,再用该值计算其他相关参数。

计算喷喉面积:

$$A_t = F_{cpx}/(C_{Fx} \cdot P_{x+20℃}) = 1.16/(1.2 \times 2.5) = 3.86\text{cm}^2$$

式中:C_{Fx} 为续航级推力系数,取 $C_{Fx} = 1.2$。

续航级药柱燃烧时间:

$$t_{bx} = L_{px} / u_x = 340/15 = 22.7s$$

【发射级】

发射级平均推力：

$$F_{cpF} = I_{spF} \cdot \rho_{pF} \cdot u_F \cdot S_{bF}$$
$$= 2.4 \times 1.7 \times 10^{-3} \times 3.0 \times 627.97 = 7.7kN$$

式中：$S_{bF} = 627.97cm^2$ 是按发射级星形分层燃烧计算的平均燃烧面积。

燃烧室平均压强：

$$P_{cpF} = F_{cpF} / (C_{FF} \cdot A_t)$$
$$= 7.7 / (1.45 \times 3.86) = 13.8MPa(经单位换算后)$$

发射级推力系数 C_{FF} 包括上面续航级推力系数 C_{Fx}，一般采用推进剂性能试验中测得的推力随时间变化的逐点数据，利用试验处理公式(2-14)计算出推力系数值。

燃烧时间：

$$t_{bF} = E_1 / u_F = 42/30 = 1.4s$$

式中：发射级燃层厚度 $E_1 = 42mm$ 为药形设计结果。

【装药】

总推力冲量：

按推进剂质量计算：

$$I_0 = I_{spF} \cdot W_{pF} + I_{spx} \cdot W_{px} = 2.4 \times 4.76 + 2.1 \times 12.3 = 37.25kN \cdot s$$

按推力计算：

$$I_0 = F_{cpF} \cdot t_{bF} + F_{cpx} \cdot t_{bx} = 7.7 \times 1.4 + 1.16 \times 22.7 = 37.11 kN \cdot s$$

总工作时间：

$$t_{\sum} = t_{bF} + t_{bx} + t_g = 1.4 + 22.7 + 0.4 = 24.5s$$

装药总质量：

$$W_0 = W_{pF} + W_{px} + W_{BF} = 4.76 + 12.3 + 0.94 = 18.0kg$$

式中：$W_{BF} = 0.94kg$，为装药包覆质量。

5）设计分析

（1）该组合装药适于中短射程的战术导弹使用，一般射程在20km。由于采用单室双推力发动机，发动机结构紧凑，消极质量小，与单级推力发动机相比，有较高的飞行效能。

（2）组合装药的过渡段压强和推力随时间的变化，在变压强和两级推进剂混燃的燃烧条件下，燃烧规律尚待深入研究。续航时间及总工作时间的计算存在较大误差，需通过试验进一步修正。

（3）经性能计算和验算，设计结果可以满足发动机弹道性能要求。

2. 管槽—端燃双推力组合装药

该药形由发射级侧面燃烧管槽药形和续航级端面燃烧药形组成。与星形－端燃双推力药形相比，发射级的装填系数高，当续航级采用低压高燃速推进剂后，可设计出发射级和续航级都有较大装药量的装药，适用于飞行速度高和射程较远的导弹使用。这是因为发射级的装药量大，可使导弹飞行到发射级末端的速度较大，而工作时间较长的续航级，可使这一较高飞行速度保持较远的距离，在续航级设计允许的条件下，续航级装推进剂质量越大，实现导弹飞行速度越高，射程越远。

1）设计输入

根据该装药发动机设计技术要求，将主要结构与质量参数、弹道性能参数、推进剂性能参数等作为设计输入，装药设计的输出结果，需满足这些输入参数。

（1）结构参数。本例根据发动机直径和发动机壳体隔热层设计，要求装药外径为174mm；侧面包覆厚度为4mm，发动机长度小于1200mm。

（2）弹道性能要求：

工作温度为 $-40℃ \sim +50℃$；

发射级平均推力为15kN～16kN，计算参数选中间值15.5kN；

发射级工作时间为2s～2.2s，计算参数选中间值2.1s；

续航级平均推力为3.4kN～3.6kN，计算参数取中间值3.5kN；

续航级工作时间不小于10s，计算参数为10s；

发动机总工作时间小于15s；

发动机总推力冲量大于66kN·s。

2）初步设计

（1）推进剂选择。推进剂选择，其各项性能和成形工艺，要满足装药设计技术要求。本组合装药的发射级采用淤浆浇铸工艺成形的少烟改性双基推进剂，与星形—端燃装药所用推进剂相同；续航级采用浇铸工艺成形的改性双基推进剂。该推进剂低压强下，具有较高的燃速和比冲。

【发射级】

推进剂比冲：

比冲 I_{spF}：大于 2400N·s/kg（ +20℃时,12MPa）。

推进剂燃速：

燃速 u_F：30 mm/s（ +20℃时,15MPa）。

推进剂密度：

密度 ρ_{pF}：1.7×10^{-3} kg/cm^3。

推进剂压强指数：

压强指数 $n_F < 0.3$（13MPa ~ 20MPa）。

燃速公式：

$$u = u_1 \cdot p^n = 17.57 p^{0.19}$$

燃速随压强变化曲线见图 4 - 10。

【续航级】

实测比冲：

续航级选用在低压下能量发挥较充分的现成推进剂。推进剂的实测比冲为：+20℃时,推进剂比冲 I_{spx} 大于 2250N·s/kg（4.0MPa）。

推进剂燃速：

根据发动机总工作时间要求和装药长度计算结果,续航级推进剂的燃速 u_x 在 4.0MPa 下,燃速为 40mm/s。

推进剂临界压强：

推进剂临界压强 p_{xlj} 要小于 2.0MPa。

压强指数：

在 2.0MPa ~ 5.0MPa 压强范围内,压强指数 n_x 小于 0.35。

推进剂密度：

该推进剂的密度 ρ_{px} 为 1.72×10^{-3} kg/cm^3。

（2）设计药形所需的参数。管槽药形需满足装药设计给定的几何尺寸,还需要根据装药弹道性能参数要求和推进剂性能,计算出确定发射级管槽药形的依据性参数,如发射级药柱质量,燃烧面积和药柱长度,续航级药柱质量和组合药柱总长度等。

【发射级】

计算推进剂质量：

计算发射级推进剂质量,要在选定推进剂的比冲条件下,需满足发射级总冲要求。

$$W_{pF} = k \cdot F_{cpF} \cdot t_{bF}/I_{spF} = 1.01 \times 15.5 \times 2.1/2.4 = 13.7\text{kg}$$

式中：$F_{cpF} = 15.5 \text{ kN}$ 为发射级平均推力；$t_{bF} = 2.1\text{s}$ 为发射级药柱燃烧时间，都是发动机总体要求的指标参数；k 为余量系数；$I_{spF} = 2.4 \text{ kN} \cdot \text{s/kg}$，为所选推进剂的实测比冲。

计算平均燃烧面积：

$$S_{bF} = F_{cpF}/(I_{spF} \cdot \rho_{pF} \cdot u_F)$$
$$= 15.5/(2.4 \times 1.7 \times 10^{-3} \times 3.0) = 1266\text{cm}^2$$

式中：S_{bF} 为满足推力要求所需的平均燃烧面积；ρ_{pF} 为发射级推进剂密度，取 $1.7 \times 10^{-3}\text{g/cm}^3$；$u_F$ 为所选推进剂的燃速，在 15MPa 下，燃速 u_F 为 30mm/s。

根据该药形燃烧面积的计算结果，来设计发射级管槽药形，其平均燃烧面积应接近 1266cm^2。推进剂质量要接近 13.7kg。

计算燃层厚度为

$$E_1 = u_F \cdot t_{bF} = 3 \times 2.1 = 6.3\text{cm}$$

管槽内孔直径为

$$D_g = D_p - 2E_1 = 16.6 - 2 \times 6.3 = 4.0\text{cm}$$

式中：D_g 为管槽药形的内孔直径，显然，由发射级推进剂的燃速 u_F 和药柱燃烧时间 t_{bF} 来确定。

3）详细设计

采用上述计算参数，即可进行管槽药形参数的计算和调整，并使其满足设计要求。

该药形的管槽参数设计，是根据上述计算结果，通过三维图形中对相关几何参数的调整，如改变开槽数、槽宽、开槽深度等药形参数，既要使所设计药形的燃面变化尽量平缓，又要使调整后的药形燃烧面积和推进剂质量与上述初步计算结果相近。

（1）药形参数。该药形由药柱外径 D_p、燃层厚度 E_1、管槽深度 L_c、开槽数 n、槽宽 h_c、槽顶圆直径 D_c、过渡圆半径 R_g、管形端面过渡半径 r_g、过渡段长度 L_g 及组合药柱总长 L_p 来确定。各参数所表征的几何尺寸如图 4 – 16 所示。

（2）设计计算结果。将药形参数的设计值列于表 4 – 8。

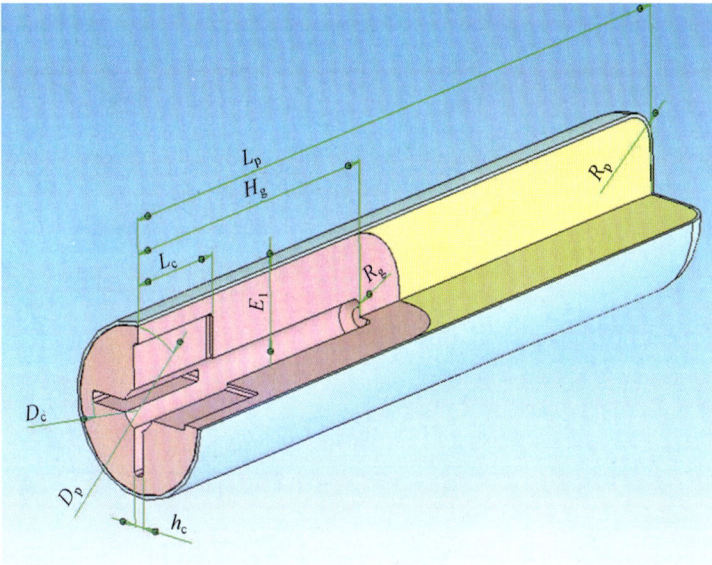

图 4-16 发射级管槽药形几何参数

表 4-8 管槽—端燃药形实际几何尺寸

药形参数	符号	数值/mm	药形参数	符号	数值/mm
药柱外径	D_p	166	顶圆直径	D_c	130
燃层厚度	E_1	63	过渡圆半径	R_g	10
管槽深度	L_c	118	管孔深度	H_g	351
开槽数	n	4	药柱总长	L_p	814
槽宽	h_c	12			

（3）燃烧面积随燃层厚度的变化。采用三维图形法计算。

发射级平均燃烧面 S_{bF} 为 1234.9cm^2；设计值与初步计算结果 1266cm^{2}相近。

续航级平均燃烧面 S_{bx} 为 239.2cm^2。

发射级推进剂质量 W_{pF} 为 13.6kg；设计值与初步计算结果 13.7kg 相近。

续航级推进剂质量 W_{px} 为 15.5kg。

组合装药总质量 W_p 为 29.1kg。

燃面随燃层厚度变化分层燃烧计算图如图 4-17 所示。逐点数据列于表4-9。燃面曲线如图 4-18 所示。压强随燃烧时间变化的计算方法与上例相同，不再赘述。

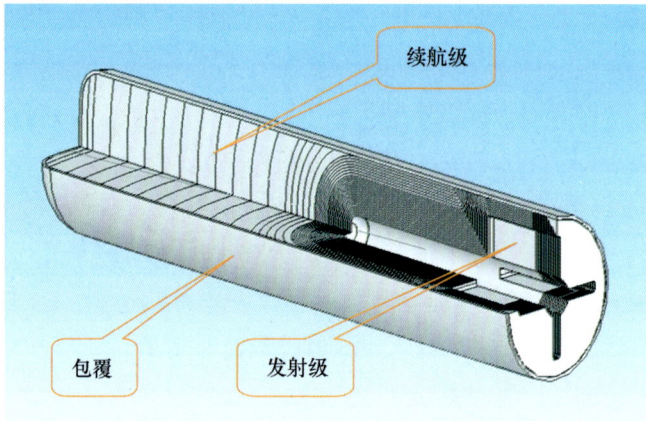

图 4-17 燃面随燃层厚度分层燃烧计算图

表 4-9 发射级燃面变化逐点数据

燃层厚度/mm	燃烧面积/cm^2	燃层厚度/mm	燃烧面积/cm^2
0	1248.59	42	1221.04
2	1104.07	48	1208.64
4	1136.53	58	410
6	1171.65	68	286.1
8	1206.62	98	242.89
12	1275.85	138	229.17
16	1286.4	198	222.6
18	1286.5	228	221.11
26	1258.39	348	218.47
30	1248.87	438	214.23
34	1239.11	468	190.23
38	1230.1	500	0

4）性能计算

【续航级】

计算续航级燃烧室压强：

续航级压强的确定过程及方法与星形—端燃双推力组合装药相同,见4.5.4节之4）。经计算确定续航级压强为4MPa。

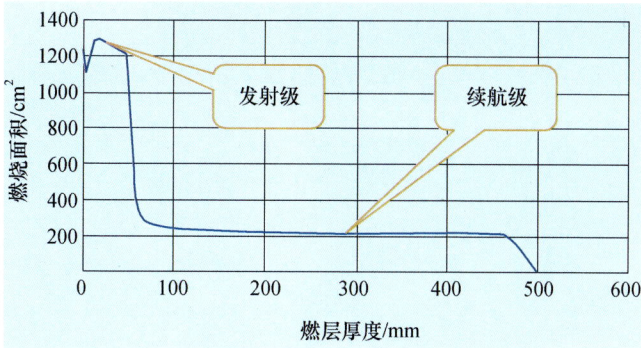

图 4 - 18　燃面变化曲线

续航级平均推力：

$$F_{cpx} = I_{spx} \cdot \rho_{px} \cdot u_x \cdot S_{bx}$$

$$= 2.25 \times 1.72 \times 10^{-3} \times 4.0 \times 239.2 = 3.7 \text{kN}$$

式中：S_{bx} 为按燃烧规律分层计算各燃层厚的平均值，用该值计算其他相关参数。

计算喷喉面积：

$$A_t = F_{cpx}/(C_{Fx} \cdot p_x) = 3.7/(1.35 \times 4.0) = 6.85 \text{cm}^2$$

续航级药柱燃烧时间：

$$t_{bx} = L_{px}/u_x = 40/4 = 10 \text{s}$$

【发射级】

发射级平均推力：

$$F_{cpF} = I_{spF} \cdot \rho_{pF} \cdot u_F \cdot S_{bF}$$

$$= 2.4 \times 1.7 \times 10^{-3} \times 3.0 \times 1234.9 = 15.1 \text{kN}$$

式中：$S_{bF} = 1234.9 \text{cm}^2$ 是按发射级管槽药形分层燃烧计算的平均燃烧面积。

燃烧室平均压强：

$$P_{cpx} = F_{cpF}/(C_{FF} \cdot A_t)$$

$$= 15.1/(1.45 \times 6.85) = 15.2 \text{MPa}(经单位换算后)$$

发射级药柱燃烧时间：

$$t_{bF} = E_1/u_F = 63/30 = 2.1 \text{s}$$

式中：发射级燃层厚度 $E_1 = 63 \text{mm}$ 为药形最大燃层厚度。

【装药】

总推力冲量：

按推进剂质量计算:

$$I_0 = I_{spF} \cdot W_{pF} + I_{spx} \cdot W_{px} = 2.4 \times 13.2 + 2.25 \times 15.5 = 66.6 \text{kN} \cdot \text{s}$$

按推力计算:

$$I_0 = F_{cpF} \cdot t_{bF} + F_{cpx} \cdot t_{bx} = 15.1 \times 2.1 + 3.7 \times 10 = 68.7 \text{kN} \cdot \text{s}$$

总工作时间:

$$t_\Sigma = t_{bF} + t_{bx} + t_g = 2.1 + 10 + 0.4 = 12.5 \text{s}$$

装药总质量:

$$W_0 = W_{pF} + W_{px} + W_{BF} = 13.6 + 15.5 + 2.52 = 31.6 \text{kg}$$

式中:$W_{BF} = 2.52 \text{kg}$,为装药包覆质量。

5) 设计分析

(1) 双推力管槽—端燃药形与星形—端燃药形相比,发射级的装填密度高,余药少,适于做中等直径(150mm～300mm)高装填密度装药药形。

(2) 管槽药形药柱燃烧生成的燃气,有沿药柱轴向流动的燃气流,也有沿径向向药柱内孔中心流动的燃气流,这种燃气流的交叉流动,有利于装药稳定燃烧。

(3) 该药形在发射级药柱槽形顶部的燃层厚度小,在较短时间,燃气就会烧蚀和冲刷侧面包覆,在包覆剂的选择或设计包覆层时应予以考虑。

(4) 经性能计算和验算,设计结果可以满足发动机弹道性能要求。

3. 内外燃管形—端燃双推力组合装药

该药形由发射级内外表面燃烧管形药形和续航级端面燃烧药形组成。

在发射级装药燃烧时,燃烧面变化曲线具有较好的平直性,只要发射级药柱端面面积所占总燃烧面积的比例较小,都适合采用该药形。且发射级的参数变化范围大,调整方便。

该装药的特点是发射级药柱外表面没有侧面阻燃包覆层,燃烧时可减少包覆层所产生烟雾和残渣的排出,有效提高制导信号透过率。这种药形装药在某型号导弹信号传输飞行试验中使用,获得较好的飞行控制效果,是一种简单易行的双推力组合装药。

1) 设计输入

(1) 结构参数。本例根据发动机直径和发动机壳体隔热层设计,要求装药外径为164mm;端面燃烧药柱的侧面包覆厚度为2mm,发动机长度<700mm。

（2）弹道性能要求：

工作温度为 $-40℃ \sim +50℃$；

发动机发射级平均推力为 11kN~12kN,计算参数取 12kN；

发动机发射级工作时间为 0.8s~1.0s,计算参数取 0.9s；

续航级平均推力为 1.3kN~1.7kN,计算参数取值 1.5kN；

续航级工作时间<28s,计算参数为 26s；

发动机总工作时间 < 30s；

发动机总推力冲量≥35kN·s。

2）初步设计

（1）推进剂选择。

【发射级】

选用改性双基推进剂,采用浇铸成形工艺,与上例所用推进剂相同。

推进剂比冲：

比冲 $I_{spF} \geq 2400N·s/kg$（ $+20℃$ 时,12MPa）。

推进剂燃速：

燃速 u_F 为 30mm/s（ $+20℃$ 时,16MPa）。

推进剂密度：

密度 ρ_{pF} 为 $1.7 \times 10^{-3} kg/cm^3$。

压强指数：

压强指数 $n_F < 0.3$（13MPa~20MPa）。

燃速公式：

$u = u_1 · P^n = 17.57p^{0.19}$。

燃速随压强变化曲线见图 4-10。

【续航级】

续航级选用造粒浇铸改性双基推进剂。

实测比冲 $I_{spx} \geq 2200N·s/kg$（ $+20℃$ 时,3.0MPa）。

燃速 u_x：20mm/s（ $+20℃$ 时,3.0MPa）。

密度为 ρ_{px}：$1.7 \times 10^{-3} kg/cm^3$。

压强指数：$n_x < 0.35$。

（2）设计药形所需的参数。

【发射级】

计算推进剂质量：

计算发射级推进剂质量，要在选定推进剂比冲的条件下，需满足发射级总冲要求。

$$W_{pF} = k \cdot F_{cpF} \cdot t_{bF}/I_{spF} = 1.01 \times 12 \times 0.9/2.4 = 4.5 \text{kg}$$

式中：$F_{cpF} = 12 \text{kN}$ 为发射级平均推力；$t_{bF} = 0.9 \text{s}$ 为发射级药柱燃烧时间，都是发动机总体要求的指标参数；k 为余量系数；$I_{spF} = 2.4 \text{kN} \cdot \text{s/kg}$，为所选推进剂的实测比冲。

计算平均燃烧面积：

$$S_{bF} = F_{cpF}/(I_{spF} \cdot \rho_{pF} \cdot u_F)$$
$$= 12/(2.4 \times 1.7 \times 10^{-3} \times 3.0) = 980.4 \text{cm}^2$$

式中：S_{bF} 为满足推力要求所需要的平均燃烧面积；ρ_{pF} 为发射级推进剂密度，为 $1.7 \times 10^{-3} \text{g/cm}^3$；$u_F$ 为所选推进剂的燃速，在 16MPa 下，燃速 u_F 为 30mm/s。

根据该药形燃烧面积的计算结果，来设计发射级内外燃管形药形，其平均燃烧面积应接近 980.4cm²。推进剂质量应接近 4.5kg。

计算单向燃层厚度为

$$E_1 = u_F \cdot t_{bF}$$
$$= 3 \times 0.9 = 2.7 \text{cm}, \text{设计取值为 2.5cm}$$

内外燃的内孔直径为

$$D_i = D_w - 2E_1$$
$$= 14.0 - 4 \times 2.5 = 4.0 \text{cm}$$

式中：D_i 为内外燃管形药形的内孔直径；D_w 为外圆直径。

3）详细设计

（1）药形参数。该药形由药柱外径 D_p、发射级内外燃管形药柱的外径 D_w、单向燃层厚度 E_1、管孔深度 L_s、内孔过渡圆半径 R_i、外圆过渡半径 R_w、发射级药长 L_{pF} 及组合药柱总长 L_p 来确定。各参数所表征的几何尺寸如图 4-19 所示。

（2）设计计算结果。该药形设计较简单，只要所设计的内外孔径及孔深能使发射级药柱质量、初始燃烧面与初步计算结果相接近，即可满足设计要求。经药形设计，将药形参数列于表 4-10。

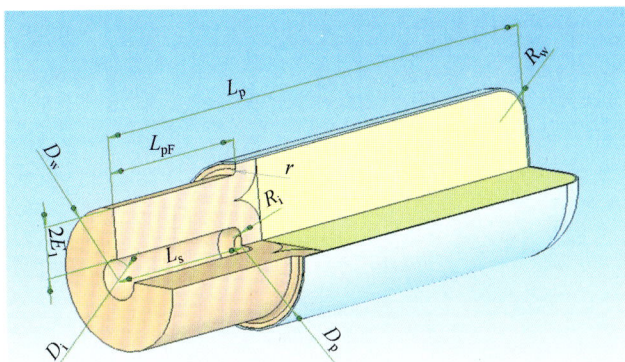

图4-19　发射级内外燃管形药形组合装药及几何参数

表4-10　内外燃管形药形实际几何尺寸

药形参数	符号	数值/mm
药柱外径	D_p	160
燃层厚度	E_1	25
管孔深度	L_s	150
外圆过渡半径	R_w	5
燃烧面外圆直径	D_w	140
内孔过渡圆半径	R_i	10
发射级药柱长	L_{pF}	175
药柱总长	L_p	500

（3）燃烧面随燃层厚度的变化。采用三维图形法计算。

发射级平均燃烧面 S_{bF} 为977.0cm²；

续航级平均燃烧面 S_{bx} 为204.1 cm²；

发射级推进剂质量 W_{pF} 为4.47kg；

续航级推进剂质量 W_{px} 为11.14 kg；

组合装药总质量 W_p 为15.6kg。

燃面随燃层厚度变化分层燃烧计算图如图4-20所示。逐点数据列于表4-11。燃面变化曲线如图4-21所示。压强曲线的计算方法与4.5.4节之1相同,不再赘述。

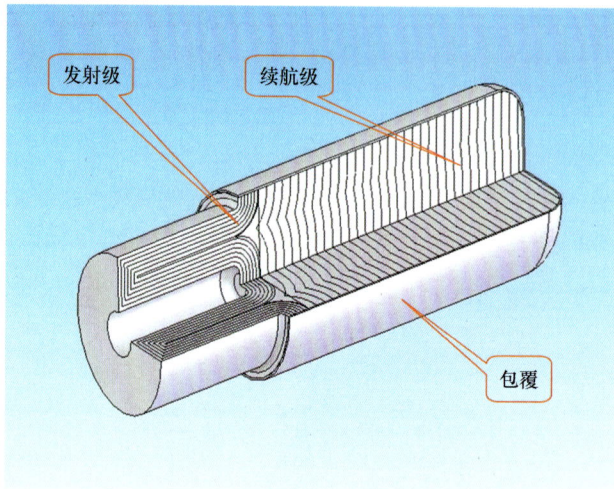

图 4 - 20　装药分层燃烧计算图

表 4 - 11　发射级燃面变化逐点数据

燃层厚度/mm	燃烧面积/cm^2	燃层厚度/mm	燃烧面积/cm^2
0	1034.1	50	213.4
4	1023.7	100	203.7
8	1013.2	150	202.2
12	1002.9	200	201.7
16	992.4	250	201.5
20	982	290	199.2
21.5	791.6	300	181.6
30	297.9	310	140.1
40	223.2	320	0

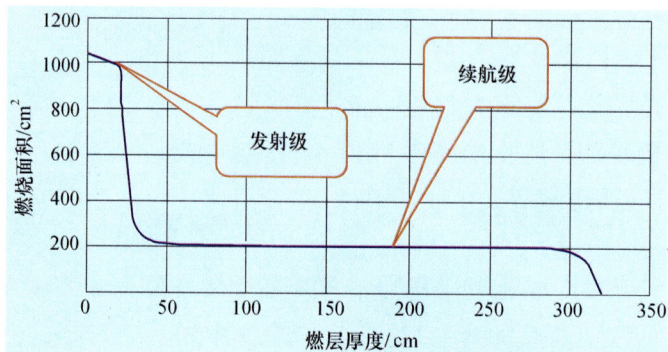

图 4 - 21　燃面变化曲线

4）性能计算

【续航级】

计算续航级燃烧室压强：

续航级压强的确定过程、方法与星形 – 端燃双推力组合装药相同。经计算确定续航级压强为 2.5MPa。

续航级平均推力：

$$F_{cpx} = I_{spx} \cdot \rho_{px} \cdot u_x \cdot S_{bx}$$
$$= 2.20 \times 1.70 \times 10^{-3} \times 2.0 \times 204.1 = 1.53\text{kN}$$

式中：S_{bx} 为按燃烧规律分层计算各燃层厚的平均值，并用该值计算其他相关参数。

计算喷喉面积：

$$A_t = F_{cpx}/(C_{Fx} \cdot p_x) = 1.53/(1.25 \times 0.25) = 4.9\text{cm}^2$$

续航级药柱燃烧时间：

$$t_{bx} = L_{px}/u_x = 32.5/2 = 16.25\text{s}$$

【发射级】

发射级平均推力：

$$F_{cpF} = I_{spF} \cdot \rho_{pF} \cdot u_F \cdot S_{bF}$$
$$= 2.4 \times 1.7 \times 10^{-3} \times 3.0 \times 977 = 11.95\text{kN}$$

式中：$S_{bF} = 977\text{cm}^2$ 是按发射级内外燃管状药形分层燃烧计算的平均燃烧面积。

燃烧室平均压强：

$$P_{cpx} = F_{cpF}/(C_{FF} \cdot A_t)$$
$$= 11.95/(1.45 \times 4.9) = 16.8\text{MPa}(\text{经单位换算后})$$

发射级药柱燃烧时间：

$$t_{bF} = E_1/u_F = 25/30 = 0.83\text{s}$$

式中：发射级单向燃层厚度 $E_1 = 25\text{mm}$ 为药形最大燃层厚度。

在考虑外燃表面采用壳体隔热支撑结构时，会使外通气面积减小。当内外燃烧面积较大，内外通气面积较小时，还需要计算通气参量。本例的燃烧面积较小，并有足够的通气面积，内外通气参量都较小，暂略该项计算。

【装药】

总推力冲量：

按推进剂质量计算：

$I_0 = I_{spF} \cdot W_{pF} + I_{spx} \cdot W_{px} = 2.4 \times 4.47 + 2.20 \times 11.14 = 35.2\text{kN} \cdot \text{s}$

按推力计算：

$I_0 = F_{cpF} \cdot t_{bF} + F_{cpx} \cdot t_{bx} = 11.95 \times 0.83 + 1.53 \times 16.25 = 34.8\text{kN} \cdot \text{s}$

总工作时间：

$$t_{\sum} = t_{bF} + t_{bx} + t_g = 0.83 + 16.25 + 0.4 = 17.48\text{s}$$

装药总质量：

$$W_0 = W_{pF} + W_{px} + W_{BF} = 4.47 + 11.14 + 0.54 = 16.2\text{kg}$$

式中：$W_{BF} = 0.54\text{kg}$，为装药包覆质量。

5）设计分析

（1）该药形及成形工艺较简单，药形参数容易调整，弹道曲线的平直性较好。

（2）由于在导弹飞行初始段，装药无包覆残渣排出，燃气的烟雾少，有利于初始段制导信号的传输。

（3）在发动机装填设计时，装药的支撑、缓冲与安装设计，要同时考虑到对燃烧室壳体的隔热防护，以防止发射级药柱内外表面燃烧时引起壳体过热，防热结构设计见图3-3。

（4）经性能计算和验算，设计结果可以满足发动机弹道性能要求。

4. 环形—端燃双推力组合装药

该药形由发射级环形药形和续航级端面燃烧药形组成。

这种药形在燃烧时，燃烧面随燃层厚度变化曲线的平直性较好，发射级的参数变化范围大，浇铸药模结构简单。与内外燃管形药形相比，组合药柱外侧面进行全包覆，无需采用隔热支撑结构件对壳体内壁进行保护，装填结构较简单。同样，在发射级药柱端面面积所占总燃烧面积的比例较小的情况下，很适合采用这种药形。

1）设计输入

（1）结构参数。本例根据发动机直径和发动机壳体隔热层设计，要求装药外径为164mm；侧面包覆厚度为2mm，发动机长度 < 700mm。

（2）弹道性能要求。所选发射和续航两级推进剂均与管槽形双推力组合装药相同的条件下，要满足发动机的弹道性能：

工作温度为 -40℃ ～ +50℃；

发动机发射级平均推力为 9kN ~ 10kN;

发动机发射级工作时间为 1.0s ~ 1.2s;

续航级平均推力为 1.3kN ~ 1.5kN;

续航级工作时间 < 18s;

发动机总工作时间 < 20s;

发动机总推力冲量 ≥ 40kN·s。

2)初步设计

(1)推进剂选择。采用与内外燃管形—端燃双推力组合装药相同的推进剂。

(2)设计药形所需的参数。根据弹道性能和相关结构参数要求,计算出确定药形参数所依据的药柱质量、燃烧面积大小、燃层厚度和装药长度等参数,据此来计算该环形药形的参数值。各项参数计算方法均与上例相同。因该药形结构简单,具体初步设计从略。

3)详细设计

(1)药形参数。经详细设计,给出该装药的药形及药形参数。

该药形由药柱外径 D_p、环槽外径 D_{cm}、燃层厚度 E_1、环槽深度 L_{cs}、环槽内径 D_{cn}、环槽过渡圆半径 R_g、发射级药长 L_{pF} 及组合药柱总长 L_p 来确定。各参数所表征的几何尺寸如图 4 – 22 所示。

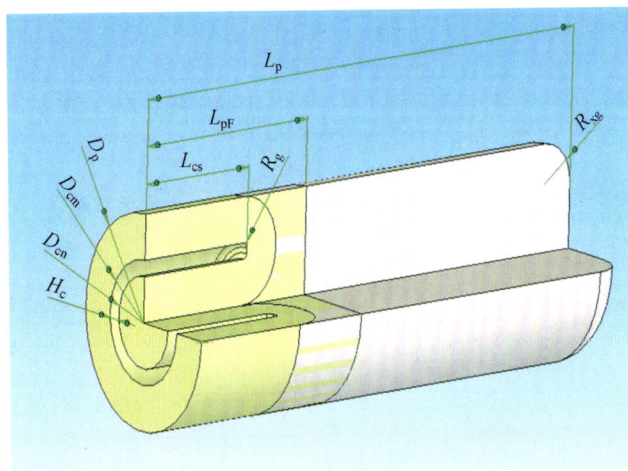

图 4 – 22　发射级环形药形几何参数

（2）药形参数计算结果。将药形参数计算结果列于表 4 - 12。

表 4 - 12　发射级环形药形计算结果

药形参数	符号	数值/mm
药柱外径	D_p	160
燃层厚度	E_1	28.5
环槽深度	L_s	120
环槽外径	D_{cm}	140
环槽内径	D_{cn}	40
环槽过渡圆半径	R_g	4
发射级药柱长	L_{pF}	188
药柱总长	L_p	500

采用三维图形法计算：

发射级平均燃烧面 S_{bF} 为 757.1cm^2；

续航级平均燃烧面 S_{bx} 为 205.85cm^2；

发射级推进剂质量 W_{pF} 为 5.74kg；

续航级推进剂质量 W_{px} 为 11.93kg；

组合装药总质量 W_p 为 19kg，其中含包覆质量 1.33kg。

（3）燃烧面随燃层厚度的变化。燃面随燃层厚度变化按分层燃烧计算图计算，分层计算图如图 4 - 23 所示。逐点数据列于表 4 - 13。燃面变化曲线如图 4 - 24所示。

表 4 - 13　环形药形燃面变化逐点数据

燃层厚度/mm	燃烧面积/cm^2	燃层厚度/mm	燃烧面积/cm^2
0	759.6	34	310.1
4	787	40	230.5
8	778.4	70	209.6
12	769.7	100	205.2
16	761.1	250	201.8
20	752.5	300	201.5
24	743.8	330	187.8
28	735.2	340	149.4
32	726.6	350	0

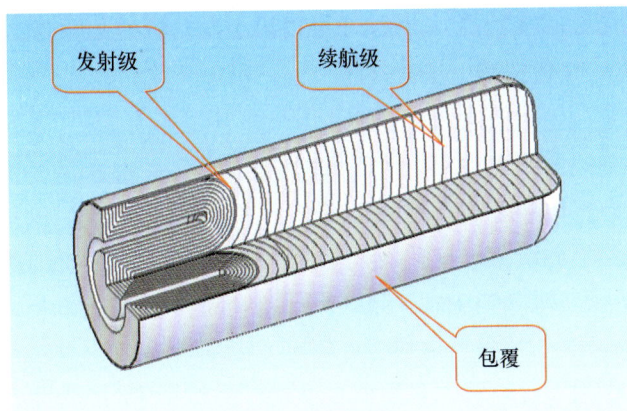

图4-23 燃面随燃层厚度分层装药燃烧计算图

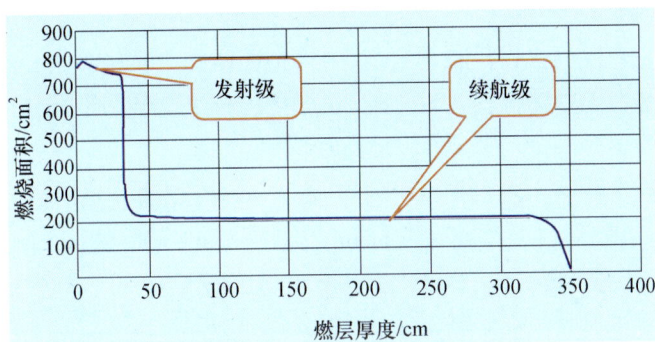

图4-24 燃面变化曲线

压强曲线的计算方法与星形—端燃双推力装药设计实例中计算方法相同。

4）性能计算

因所用推进剂的性能和计算方法都与上例相同,计算从略。

5）设计分析

（1）该药形简单,具有成形工艺简便、药形参数变化范围大等优点。

（2）为防止环孔深度大时中心药柱变形,在冲击、振动或外力作用下具有足够的刚度,可在环形槽内合适的位置上,加可燃支撑,如赛璐珞环、可燃药块支撑等结构。

（3）与发射级内外燃管状药形一样,药柱的一端无包覆,该端面面积占侧面燃烧面积的比例越小,其弹道曲线的平直性越好。

（4）经性能计算和验算，设计结果可以满足发动机弹道性能要求。

5. 双星形—端燃三推力组合装药

该组合装药的发射级和增速级都是由星形药形组合而成，续航级是端燃药形。由这三种不同的药形与不同性能推进剂相组合，构成满足设计要求的单室三推力组合装药。该装药与双推力装药相比，加了增速级药柱，这级星形药柱在高于续航级压强下燃烧，推进剂的能量要比低压下工作的续航级药柱发挥得充分，虽然减少了续航级装药量，但与相同直径和推进剂质量的双推力组合装药相比，总冲仍较高。这一结果可达到缩短装药工作时间，增加导弹主动段末端速度和增加导弹射程的飞行效果。在某型号导弹产品研制中，将双推力装药改为三推力装药后，导弹飞行时间缩短，最大射程也有较大增加。可见，单室三推力组合装药与同直径的双推力装药相比，增加推进效能的效果明显。

1）设计输入

根据该装药发动机设计技术要求，要将主要结构与质量参数、弹道性能参数及所选推进剂性能参数等作为设计输入，据此进行组合装药设计，并以符合设计要求的结果输出。

（1）结构参数。本例根据发动机直径和发动机壳体隔热层设计，装药外径确定为180mm；侧面包覆厚度为2.5mm，发动机长度小于800mm。

（2）弹道性能要求：

工作温度：-40℃ ~ +50℃；

发射级平均推力：6.5kN ~ 7.0kN；

发射级工作时间：2.0s ~ 2.5s；

增速级平均推力：4.1kN ~ 4.5kN；

增速级工作时间：1.2s ~ 1.5s；

续航级平均推力：1.35kN ~ 1.40kN；

续航级工作时间：<13s；

两级过渡时间：< 0.6s；

发动机总工作时间：17s ~ 18s；

发动机总推力冲量：>38kN·s。

2）初步设计

（1）推进剂选择。推进剂选择，要使其各项性能和成形工艺满足装药技术要求。本组合装药的发射级和增速级采用淤浆浇铸工艺成形的无烟改性双基推进剂,续航级采用造粒浇铸工艺成形的改性双基推进剂。

【发射级】

推进剂比冲:

发射级选用推进剂的能量应尽量高,以使导弹的初速满足发射要求。工程设计应尽量选用现成的推进剂。推进剂实测比冲 I_{spF}: $+20℃$ 时,为 2400N・s/kg (16MPa)。

推进剂燃速:

该推进剂的燃速在一定范围内可调。根据发动机工作时间要求和初步药形计算结果,选择在装药工作压强 16MPa 下,燃速 u_F 为 20mm/s。采用 5 点压强下的燃速数据处理燃速公式为: $u_F = 8.705 \times p^{0.3}$(单位:mm)。

推进剂密度:

该推进剂的密度 ρ_{pF} 为 $1.7 \times 10^{-3} kg/cm^3$。

压强指数:

在适用压强范围(13MPa ~ 20MPa)内,推进剂压强指数 n_F 小于 0.3。

【增速级】

因与发射级共用同种推进剂,其燃烧性能及能量特性都随增速级压强值的大小而变化,本例发射级压强取值为 16MPa,增速级压强取值为 12MPa,所引起推进剂比冲和燃速的变化可通过测试获取,也可推导计算得到计算结果,这些数据均可作为该组合装药初步设计时使用。经计算给出有关性能参数值:

推进剂比冲 I_{spZ}:2350N・s/ kg(12MPa);

推进剂燃速 u_Z:18.4mm/ s(12MPa);

推进剂密度 ρ_{pZ}:$1.7 \times 10^{-3} kg/ cm^3$;

压强指数 n_Z:< 0.3。

【续航级】

续航级选用在低压下能量发挥较充分的现成推进剂。

推进剂比冲:

比冲 I_{spx}: > 2200N・s/ kg(4.0MPa, $+20℃$)。

推进剂燃速:

根据发动机总工作时间要求和装药长度计算结果,续航级推进剂的燃速 u_x 在 4.0MPa 下,燃速为 15mm/s。

推进剂压强指数:

该推进剂在 2.0MPa ~ 5.0MPa 压强范围内,压强指数 n_x 小于 0.25。

推进剂的密度: ρ_{px} 为 $1.7 \times 10^{-3} kg/cm^3$。

推进剂临界压强: >2.0MPa。

(2) 设计药形所需参数。双星孔三推力药形需满足装药设计给定的几何尺寸,如药柱外径、药柱总长等;还需要根据装药弹道性能参数要求和推进剂性能,计算出确定发射、增速两级星形药形的药形参数,包括两级药柱质量、燃烧面积、续航级药柱质量和各级药柱长度等。

【发射级】

计算推进剂质量:

计算发射级推进剂质量,要在选定推进剂比冲的条件下,根据设计技术要求中的推力和时间指标参数要求进行计算,以便满足发射级总冲要求。

$$W_{pF} = k \cdot F_{cpF} \cdot t_{bF} / I_{spF} = 1.02 \times 6.5 \times 2.0 / 2.4 = 5.53 kg$$

式中: k 为余量系数,取值 1.02; $F_{cpF} = 6.50 kN$ 为发射级平均推力; $t_{bF} = 2.0s$ 为发射级药柱燃烧时间,都是发动机总体要求的指标参数; $I_{spF} = 2.4 kN \cdot s/kg$,为所选推进剂的实测比冲值。

计算平均燃烧面积:

$$S_{bF} = F_{cpF} / (I_{spF} \cdot \rho_{pF} \cdot u_F)$$
$$= 6.5 / (2.4 \times 1.7 \times 10^{-3} \times 2.0) = 808.7 cm^2$$

式中: S_{bF} 为满足推力要求所需要的平均燃烧面积; ρ_{pF} 为发射级推进剂密度,取 $1.7 \times 10^{-3} kg/cm^3$; u_F 为所选推进剂的燃速,在 16MPa 下,燃速 u_F 为 2.0mm/s。

根据该药形燃烧面积的计算结果,来设计发射级星形药形参数,其平均燃烧面积应接近 808.7cm²。发射级推进剂质量应接近 5.53kg。

计算燃层厚度:

$$E_1 = u_F \cdot t_{bF} = 2.0 cm$$

发射级星形顶圆直径为

$$D_x = D_p - 2E_1 = (17 - 2 \times 4.0) = 9.0 cm$$

式中: D_x 为星形药形的顶圆直径,显然,由发射级推进剂的燃速 u_F 和药柱燃烧时间 t_{bF} 来确定。

【增速级】

计算推进剂质量:

$$W_{pZ} = k \cdot F_{cpZ} \cdot t_{bZ} / I_{spZ} = 1.02 \times 4.1 \times 1.20 / 2.35 = 2.1 kg$$

计算燃烧面积：

$$S_{bZ} = F_{cpZ}/ (I_{spZ} \cdot \rho_{pZ} \cdot u_Z)$$
$$= 4.16/ (2.35 \times 1.7 \times 10^{-3} \times 1.84) = 565.9 \text{cm}^2$$

经药形设计和调整后，增速级燃烧面积应接近565.9cm²，推进剂质量应接近2.1kg。药形参数调整时，在大部分增速级星形药形参数已确定的条件下，可通过调整增速级星孔深度，使其燃烧面积和推进剂质量与上述计算结果相接近。

【续航级】

计算推进剂质量：

$$W_{px} = k \cdot F_{cpx} \cdot t_{bx} / I_{spx} = 1.02 \times 1.36 \times 15.9/ 2.2 = 10.0 \text{kg}$$

计算平均燃烧面积：

$$S_{bx} = (\pi/ 4) \cdot D_p^2 = (3.14/ 4) \times 17^2 = 226.0 \text{cm}^2$$

初步计算时，先采用平端面面积。续航级实际的燃烧面积，由增速级终燃面过渡而成，为弧形面，实际面积会大于该计算值。要通过三维作图来计算分层燃烧的各弧形燃烧面的平均燃面，并依此修正相关的性能参数值。这些修正计算要在装药详细设计计算时予以完成。

初步计算续航药柱长度：

$$L_{px} = W_{px}/ S_{bx} \cdot \rho_p = 10.0/ (226.0 \times 1.7 \times 10^{-3}) = 44.2 \text{cm}$$

3) 详细设计

主要计算内容和步骤与双推力组合装药相同，包括对发射、增速和续航三级药形及药形参数的确定，绘制装药三维分层燃烧图，根据燃烧面随燃层厚度的推移，计算燃面随燃层厚度变化的逐点数据，按分层燃烧图，计算平均燃烧面积；根据推进剂燃速随压强变化规律，用迭代计算的方法，计算压强和推力随时间变化逐点数据和曲线，即内弹道曲线。

如总体需要，还要按分层燃烧图，计算药柱质量随时间变化的逐点数据、余药面积及余药质量、各级药柱有效质量等，为总体进行质量分析提供所需数据。

平均燃烧面积的大小决定了平均推力；有效药柱质量决定了所设计的各级药柱总冲。通过调整药形参数，使其尽量与初步计算的结果相一致或相近。

（1）药形参数。两种星形药形参数由药柱外径D_p、燃层厚度E_{F1}、星孔深度h_F和总深度h_0、星角数n、星边夹角θ、星顶圆半径R_F和R_Z、星根圆过渡半径R_{F1}和R_{Z1}、星角系数$\varepsilon_F(E_F)$和$\varepsilon_Z(E_Z)$、双星孔间过渡圆弧半径R_g，与端燃面过渡半

径 R_d，过渡段长度 L_g 及组合药柱总长 L_p 来确定。各参数所表征的几何尺寸如图 4 – 25 所示。

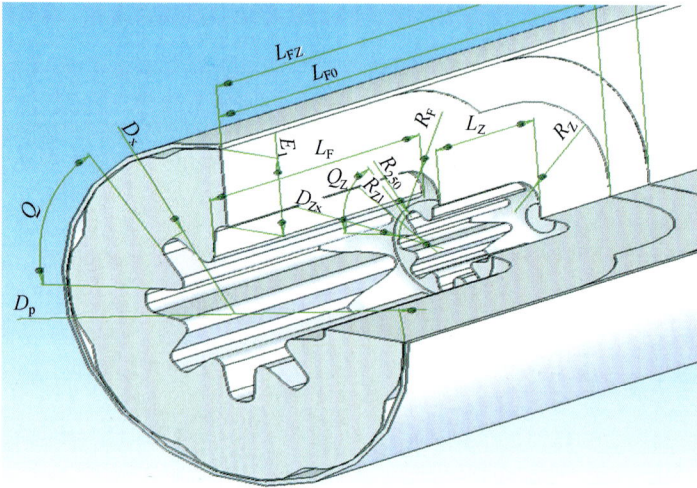

图 4 – 25　三推力双星孔药形参数

　　两级星形药形参数的设计，是根据初步计算结果，通过三维图形中对相关几何参数的调整，如改变星角数、星边夹角等药形参数，使调整后药形的燃烧面积和推进剂质量与初步设计计算结果相近。本例所设计的发射级和增速级星形药形的平均燃烧面积，接近初步设计计算结果。将药形设计结果列于表 4 – 14。

表 4 – 14　双星形—端燃组合药形设计计算结果

序号	药形参数	单位	数值	备注
1	药柱外径 D_p	mm	170	两星形同
2	燃层厚度 E_{F1}	mm	40	
3	燃层厚度 E_{Z1}	mm	22.5	
4	星孔深度 h_F	mm	120	
5	总深度 h_0	mm	176	
6	星角数 n		8	两星形同
7	星边夹角 θ	°	60	两星形同
8	顶圆半径 R_F	mm	45	
9	顶圆半径 R_Z	mm	22.5	

（续）

序号	药形参数	单位	数值	备注
10	星根圆过渡半径 R_{F1}	mm	4	
11	星根圆过渡半径 R_{Z1}	mm	2.5	
12	双星过渡圆弧 R_g	mm	30	
13	端面过渡半径 R_d	mm	20	
14	药柱总长 L_p	mm	477	

（2）燃烧面随燃层厚度变化。先绘制装药分层燃烧面计算图,如图 4 – 26 所示。

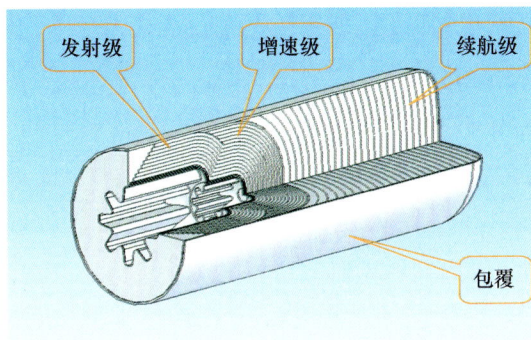

图 4 – 26　三推力双星孔装药分层燃烧计算图

再利用三维绘图软件分层计算各级药柱的燃烧面积,结果如表 4 – 15 所列。按燃面变化绘制装药燃面随燃层厚度变化曲线,如图 4 – 27 所示。

表 4 – 15　压强及推力随时间变化逐点数据

燃层厚度 /mm	燃烧时间 /s	燃烧面积 /cm²	燃速 /(mm/s)	逐点压强 /MPa	逐点推力 /kN
0	0	797.6	2.02	16.8	6.58
1	0.05	806.8	2.03	17.1	6.69
2	0.10	816.2	2.04	17.3	6.77
3	0.15	820	2.04	17.4	6.81
4	0.20	808.5	2.03	17.1	6.69
8	0.40	785.7	2.01	16.5	6.46
12	0.60	770.2	2.0	16.1	6.30

（续）

燃层厚度 /mm	燃烧时间 /s	燃烧面积 /cm²	燃速 /(mm/s)	逐点压强 /MPa	逐点推力 /kN
16	0.80	782.2	2.01	16.3	6.38
20	0.98	809.4	2.03	17.1	6.69
24	1.17	839.9	2.05	18.0	7.05
28	1.35	863.1	2.07	18.6	7.28
32	1.52	910.2	2.10	18.8	7.83
36	1.71	913.3	2.11	18.73	7.87
40	1.91	890.4	2.09	18.5	7.59
44	2.32	643.5	1.90	12.7	4.97
48	2.68	534.5	1.79	10.35	4.41
52	2.87	547.4	1.81	10.40	4.21
56	3.04	579.2	1.84	10.50	4.30
60	3.21	614.1	1.87	10.86	4.69
62.5	3.32	615.2	1.88	10.91	4.71
65	3.48	617.6	1.87	10.92	4.73
67	3.94	436.5	1.70	11.03	1.26
75	4.81	362.5	1.56	4.2	0.74
85	6.07	304.4	1.5	3.55	0.55
95	6.33	278.9	1.5	3.45	0.49
105	7.00	265.5	1.5	3.31	0.44
135	9.0	247.2	1.5	3.19	0.40
165	11.0	238.2	1.5	3.03	0.38
195	13.0	234.9	1.5	2.96	0.37
225	15.0	233	1.5	2.94	0.37
255	17.0	231.6	1.5	2.89	0.36
285	19.0	226.8	1.5	2.81	0.22
295	21.0	202	1.15	2.42	0.3
305	22.5	0	0	0	0

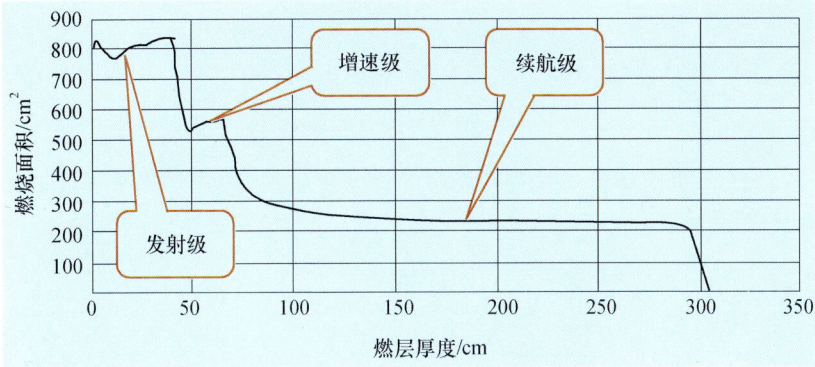

图4－27　三推力双星孔装药燃烧面变化曲线

（3）内弹道计算。内弹道计算是组合装药设计的重要内容,通过计算的压强曲线和推力曲线,看所设计的装药是否满足总体提出的推力方案要求。需根据燃面随燃层厚度变化逐点数据,推进剂的燃烧性能及能量特性参数进行迭代计算。三推力双星孔装药发动机压强和推力曲线如图4－28所示。

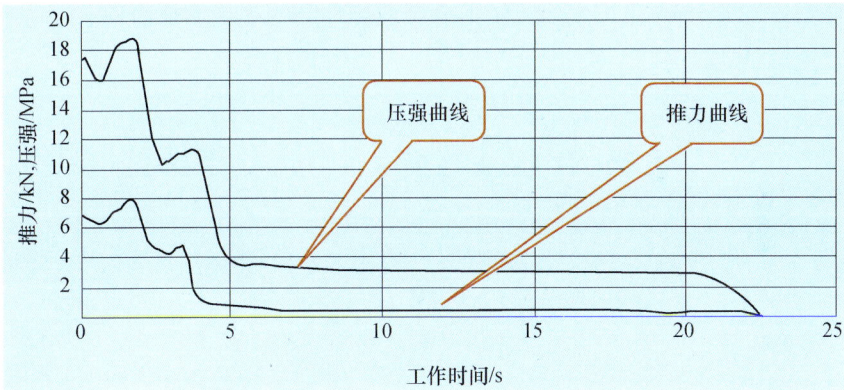

图4－28　三推力双星孔装药压强和推力曲线

4）性能计算

【续航级】

计算续航级燃烧室压强:

压强是根据续航级推进剂给出的压强温度敏感系数和临界压强值进行计算,所用计算公式均与星形—端燃药形双推力装药相同,方法与4.5.4节之4中计算方法相同。经计算,续航机燃烧室的常温下压强为2.5MPa。

续航级平均推力：

$$F_{cpx} = I_{spx} \cdot \rho_{px} \cdot u_x \cdot S_{bx}$$
$$= 2.2 \times 1.7 \times 10^{-3} \times 1.5 \times 241.78 = 1.36 kN$$

式中：S_{bx}为按燃烧规律分层计算各燃层厚度的平均值，更为接近实际燃烧面积。

计算喷喉面积：

$$A_t = F_{cpx}/(C_{Fx} \cdot p_x) = 1.36/(1.25 \times 2.5) = 2.7 cm^2$$

续航级药柱燃烧时间：

$$t_{bx} = L_{px}/u_x = 238.5/15 = 15.9 s$$

【发射级】

发射级平均推力：

$$F_{cpF} = I_{spF} \cdot \rho_{pF} \cdot u_F \cdot S_{bF}$$
$$= 2.4 \times 1.7 \times 10^{-3} \times 1.97 \times 829.6 = 6.66 kN$$

式中：$S_{bF} = 829.6 cm^2$是按发射级星形分层燃烧计算的平均燃烧面积。

燃烧室平均压强：

$$P_{cpF} = F_{cpF}/(C_{FF} \cdot A_t)$$
$$= 6.66/(1.5 \times 2.7) = 16.4 MPa(单位换算后)$$

装药燃烧时间：

$$t_{bF} = E_{1F}/\mu_F = 40/19.7 = 2.03 s$$

式中：发射级燃层厚度$E_{1F} = 40mm$为发射级药形设计结果。

【增速级】

增速级平均推力：

$$F_{cpZ} = I_{spZ} \cdot \rho_{pZ} \cdot u_Z \cdot S_{bZ}$$
$$= 2.35 \times 1.7 \times 10^{-3} \times 1.84 \times 564.25 = 4.15 kN$$

式中：$S_{bF} = 564.25 cm^2$是按增速级星形分层燃烧计算的平均燃烧面积。

燃烧室平均压强：

$$P_{cpZ} = F_{cpZ}/(C_{FZ} \cdot A_t)$$
$$= 4.15/(1.4 \times 2.7) = 11.0 MPa(单位换算后)$$

装药燃烧时间：

$$t_{\text{bZ}} = E_{1Z}/u_Z = 2.25/1.84 = 1.22\text{s}$$

式中：增速级燃层厚度 $E_{1Z} = 2.25\text{cm}$ 为增速级药形设计结果。

【装药】

总推力冲量：

按推进剂质量计算：

$$
\begin{aligned}
I_0 &= I_{\text{spF}} \cdot W_{\text{pF}} + I_{\text{spZ}} \cdot W_{\text{pZ}} + I_{\text{spx}} \cdot W_{\text{px}} \\
&= 2.4 \times 5.4 + 2.35 \times 2.03 + 2.2 \times 9.86 = 39.0\text{kN} \cdot \text{s}
\end{aligned}
$$

按推力计算：

$$
\begin{aligned}
I_0 &= F_{\text{cpF}} \cdot t_{\text{bF}} + F_{\text{cpZ}} \cdot t_{\text{bZ}} + F_{\text{cpx}} \cdot t_{\text{bx}} \\
&= 6.66.0 \times 2.03 + 4.16 \times 1.22 + 1.36 \times 15.9 = 40.2\text{kN} \cdot \text{s}
\end{aligned}
$$

总工作时间：

$$t_0 = t_{\text{bF}} + t_{\text{gz}} + t_{\text{bx}} + t_{\text{gx}} = 2.03 + 1.22 + 0.4 + 15.9 + 0.4 = 20.0\text{s}$$

式中：t_{gz}、t_{gx} 分别为发射级向增速级，增速级向续航级过渡时间。

装药总质量：

$$W_0 = W_{\text{pF}} + W_{\text{px}} + W_{\text{BF}} = 2.03 + 1.22 + 9.86 + 0.94 = 14.0\text{kg}$$

式中：$W_{\text{BF}} = 0.94\text{kg}$，为装药包覆质量。

5）设计分析

（1）与双推力药形相比，加增速级后，增加了高推力段的推力冲量，从而提高了导弹在增速段末端的飞行速度。所选续航级的推进剂燃速越高，增加高推力段推力冲量的效果越明显；若通过增长续航级端燃药柱的长度，从而增加续航级药柱质量，该三推力组合药形也是实现导弹远程飞行较好的装药形式。

（2）因增速级药形的燃层厚度要比发射级大，且增面特性明显，确定药形时，应选择增面率较小的药形相组合（见四推力增速级药形），以使增速级弹道曲线的平直性更好。

（3）经性能计算和验算，设计结果可以满足本设计实例中发动机弹道性能要求。

6. 四推力星形—管槽—端燃—管槽形组合装药

该装药由发射级星形和管槽药形相组合，燃烧至增速级时发射级星形药柱已燃烧完,过渡成全管槽药形,续航级为端面燃烧药形,燃烧至加速级的药形也是管槽药形。与三推力组合装药相比,又增加一级加速级,构成四推力组合装药。这是根据导弹飞行需要提出的一种新的单室多推力动力推进形式,其装药设计,延续了单室多推力组合装药的设计方法。增加这一级推力的目的是为了使导弹在动力飞行的末段,能为导弹提供飞行控制所需的使用过载,提高导弹的机动能力;导弹飞抵目标时,保证导弹具有足够的歼毁速度;同时,也可缩短导弹飞行时间。

1)设计输入

根据该装药发动机设计技术要求,要将主要结构与质量参数、弹道性能参数及所选推进剂性能参数等作为设计输入,据此进行组合装药设计,并以符合设计要求的结果输出。

(1)结构参数

本实例发动机是按照某型号导弹使用的单室三推力发动机相同结构设计的。根据直径和发动机壳体隔热层设计结果,装药外径确定为150mm,侧面包覆层厚度为2.5mm;发动机长度小于800mm。

(2)弹道性能要求。

推力比:

按续航级推力为1,确定各级推力比:

发射级:9~10;

增速级:2~4;

续航级:1;

加速级:4~5。

弹道性能参数:

各级弹道性能参数要求见表4-16。

表4-16 四推力组合装药主要弹道性能指标参数

主要参数	符号	发射级(一级)	增速级(二级)	续航级(三级)	加速级(四级)
平均推力/kN	F_{cp}	7.3~7.7	3.0~3.2	0.8~0.85	3.6~3.9
燃烧时间/s	t_b	1.0~1.5	0.7~0.9	5.0~6.0	1.4~1.7

2)初步设计

(1)推进剂选择

本例发射、增速两级选用淤浆浇铸工艺成形的无烟改性双基推进剂;续航和加速两级选用造粒浇铸改性双基推进剂。推进剂性能见表4-17。

表4-17　各级推进剂的性能

主要参数	符号	发射级(一级)	增速级(二级)	续航级(三级)	加速级(四级)
压强适用范围/MPa		14~20		1.5~8	
推进剂比冲/(N·s/kg)	I_{sp}	2300	2200	1900	2200
燃速/(mm/s)	u	25.0	20.0	12.5	19.0
密度/(g/cm³)	ρ_p	1.68	1.68	1.68	1.68
压强指数	n	<0.3	<0.3	<0.25	<0.3
压强温度系数/(%/℃)	α_p	<0.35	<0.35	<0.35	<0.35

燃速公式 $u = u_1 \cdot p^n$：

发射—增速级推进剂：15MPa~20MPa 压强范围：$u = 11.10p^{0.3}$；

7MPa~15MPa 压强范围：$u = 11.41p^{0.3}$。

续航—加速级推进剂：0.2MPa~0.4MPa 压强范围：$u = 10.704p^{0.25}$；

7MPa~15MPa 压强范围：$u = 10.34p^{0.3}$。

（2）设计药形所需参数。根据弹道性能参数要求、所选推进剂性能，计算出包括各级药柱质量，平均燃烧面积，发射、增速、加速各级最大燃层厚和各级药柱长度等参数。计算中所采用的弹道性能指标参数值，均取指标参数范围的中间值。

【发射级】

四推力组合装药需采用内孔燃烧药形，考虑到星形药形装填密度高，药形参数的调整较为方便，该装药的发射级选择星形药形。

计算推进剂质量：

在选定推进剂比冲条件下，可按发射级推力要求计算。

$$W_{pF} = k \cdot F_{cpF} \cdot t_{bF}/I_{spF} = 1.03 \times 7.5 \times 1.0/2.3 = 3.36 \text{kg}$$

式中：$k = 1.03$，为余度系数；F_{cpF} 为平均推力；t_{bF} 为燃烧时间；I_{spF} 为推进剂比冲；注脚"F"表示发射级参数。

计算平均燃烧面积：

$$S_{bF} = F_{cpF}/(I_{spF} \cdot \rho_p \cdot u_F)$$

$$= 7.5/(2.3 \times 1.68 \times 10^{-3} \times 2.5) = 776.4 \text{cm}^2$$

式中:S_{bF} 为发射级星形药形的平均燃烧面积;ρ_p 为推进剂的密度;u_F 为推进剂燃速。

计算燃层厚度:

$$E_1 = u_F \cdot t_{bF} = 25 \times 1.0 = 25\text{mm}$$

发射级星形顶圆直径:

$$D_{cr} = D_p - 2E_1 = (15 - 2 \times 25) = 100\text{mm}$$

该药形药柱需满足:推进剂质量应接近 3.36kg,燃烧面积应接近 776.4cm²,燃层厚度为 2.5cm,星形药形的顶圆直径为 10.0cm。

【增速级】

根据药形燃烧面随燃层厚度的变化,管槽形药形燃面变化的平直性较好,增速级药形选择四个槽的管槽药形。

计算推进剂质量:

$$W_{pZ} = k \cdot F_{cpZ} \cdot t_{bZ} / I_{spZ} = 1.03 \times 3.2 \times 1.0/2.2 = 1.50\text{kg}$$

计算燃烧面积:

$$S_{bZ} = F_{cpZ} / (I_{spZ} \cdot \rho_p \cdot u_Z)$$
$$= 3.2 / (2.2 \times 1.68 \times 10^{-3} \times 2.0) = 432.9\text{cm}^2$$

计算燃层厚度:

$$E_1 = u_Z \cdot t_{bZ} = 20 \times 1.25 = 25\text{mm}$$

式中:注脚"Z"表示增速级参数。

经药形设计和调整后,增速级的推进剂质量应接近 1.50kg;燃烧面积应接近 432.9cm²,燃层厚度应为 2.5cm。

【续航级】

计算推进剂质量:

$$W_{px} = k \cdot F_{cpx} \cdot t_{bx} / I_{spx} = 1.03 \times 0.825 \times 5.6/1.9 = 2.50\text{kg}$$

计算平均燃烧面积:

$$S_{bx} = (\pi/4) \cdot D_p^2 = (3.14/4) \times 15^2 = 176.7\text{cm}^2$$

式中:注脚"x"表示续航级参数。

续航级实际燃烧面积由增速级终燃面过渡而成,为圆弧球面,实际面积会大于该计算值。还要通过三维作图来计算分层燃烧的平均燃面,并依此修正相关的性能参数值。这些修正计算要在装药详细设计计算时完成。

初步计算续航药柱长度：

$$L_{px} = W_{px} / S_{bx} \cdot \rho_p = 2.50 / (176.7 \times 1.68 \times 10^{-3}) = 8.4 \text{cm}$$

同样,端面积是按平端面计算的,实际燃面为球面,实际续航药柱长度也应小于 8.4cm。

【加速级】

管槽形药形燃烧面随燃层厚变化的平直性较好,药形简单,续航级向加速级过渡时该药形的通气截面积小,抗局部损坏的强度高。加速级也选择四个槽的管槽药形。

计算加速级推进剂质量：

$$W_{pj} = k \cdot F_{cpj} \cdot t_{bj} / I_{spj} = 1.03 \times 3.6 \times 1.6 / 2.2 = 2.7 \text{kg}$$

计算平均燃烧面积：

$$S_{bj} = F_{cpj} / (I_{spj} \cdot \rho_p \cdot u_j)$$
$$= 3.6 / (2.2 \times 1.68 \times 10^{-3} \times 1.9) = 512.65 \text{cm}^2$$

计算燃层厚度：

$$E_1 = u_j \cdot t_{bj} = 2.1 \times 1.55 = 3.25 \text{cm}$$

式中：注脚"j"表示加速级参数。

经药形设计和调整后,加速级的推进剂质量应接近 2.7kg;燃烧面积应接近 512.65cm²,燃层厚度应接近 3.25cm。

3) 详细设计

(1) 药形参数。发射级星形由药柱外径 D_p、星角数 n_F、星边夹角 $\theta(Q)$、燃层厚度 E_F、特征长度 L_F、星尖半径 R、星根半径 R_1、星角系数 $\varepsilon(E^*)$、发射级星孔深度 L_F 构成。

增速级管槽药形参数由槽深 L_z、开槽数 n_z、槽宽 H_z、槽顶圆直径 D_{cz}、过渡圆半径 R_{zg}、管形端面过渡半径 R_z、内孔直径 D_z 确定。

续航级为端燃药形,药柱外径为 D_p,续航药柱长 L_{xp}。

加速级为管槽形药形,药形参数为：槽深 L_j、开槽数 n_j、槽宽 h_j、槽顶圆直径 D_{cj}、过渡圆半径 R_j,组合药柱总长 L_p。

由初步计算结果和所确定的药形,绘制三维图。经调整各级药形几何参数,使其接近所要求的各级燃烧面积、药柱质量、燃层厚度和药柱长度等,并按此确定各药形参数值。

各级药柱的几何尺寸如图 4 - 29 和图 4 - 30 所示。将计算结果列于表 4 - 18。

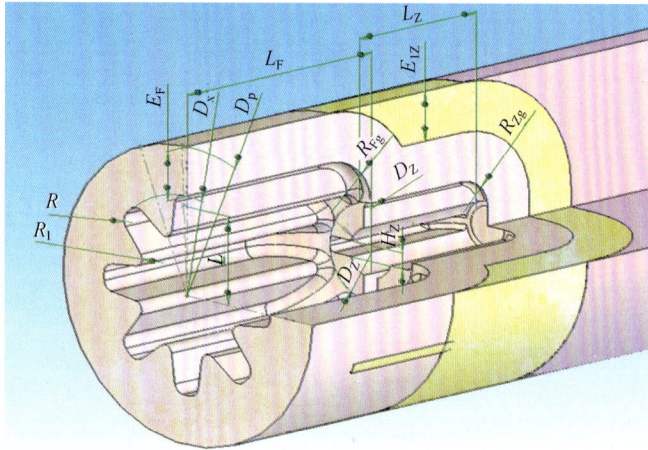

图 4 - 29 发射—增速级组合药形几何参数

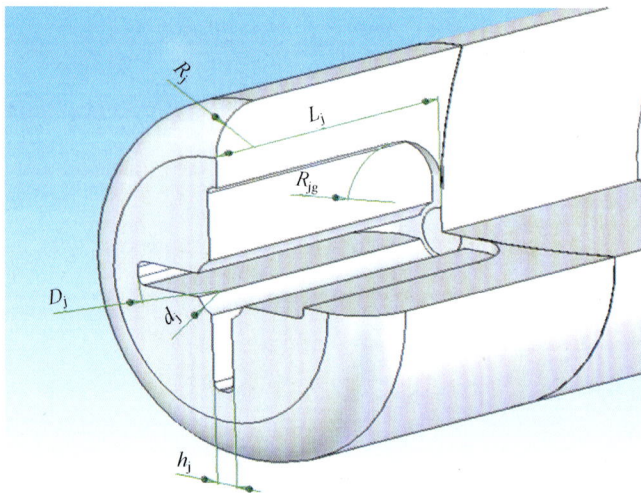

图 4 - 30 续航—加速级组合药形几何参数

表 4 – 18　四推力组合装药主要药形参数

级别	药形	药形参数	符号	参数值
发射级	星形药形	药柱外径/mm	D_p	150
		星药数目	n_F	8
		特征长度/mm	L_F	45
		燃层厚度/mm	E_F	25
		星孔深度/mm	L_F	110
		星边夹角/(°)	$\theta(Q)$	60
增速级	管槽药形	槽顶圆径/mm	D_{cZ}	50
		开槽数目	n_Z	4
		内孔直径/mm	D_Z	25
		开槽宽度/mm	H_Z	8
		开槽深度/mm	L_Z	70
		燃层厚度/mm	E_Z	25
续航级	端燃药形	药柱直径/mm	D_p	150
		端燃药长/mm	L_x	70
加速级	管槽药形	槽顶圆径/mm	D_{cj}	85
		开槽数目	n_j	4
		内孔直径/mm	d_j	25
		开槽宽度/mm	H_j	10
		开槽深度/mm	L_j	111.5
		燃层厚度/mm	E_j	32.5

（2）燃烧面积随燃层厚度的变化。经分层燃烧计算,四推力药形燃烧面随燃层厚度的变化规律符合推力方案要求,所得到的各级平均燃烧面积,推进剂质量及相关药形尺寸也与初步设计结果相近。分层计算图如图 4 – 31 所示,其燃面变化曲线如图 4 – 32 所示。将燃烧面变化的逐点数据列于表 4 – 19。

（3）内弹道计算。由燃烧面积随燃层厚度变化的逐点数据,按照所选推进剂燃速随压强变化规律,采用迭代计算的方法,计算压强和推力随时间变化的逐点数据,将计算结果列于表 4 – 19 中,该装药压强和推力随时间变化曲线如图 4 – 33所示。

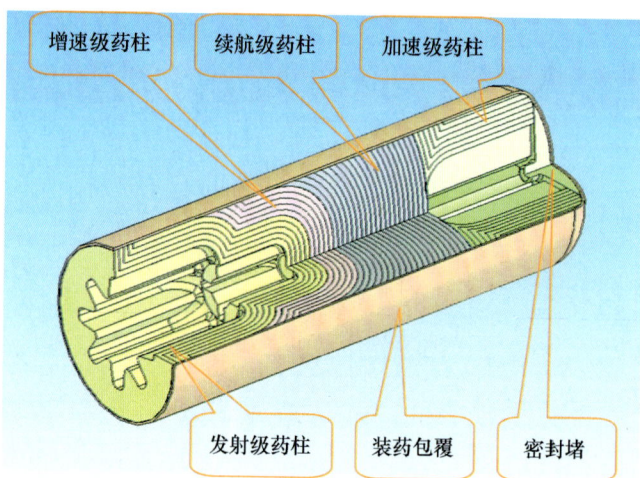

图 4 – 31　装药分层燃烧

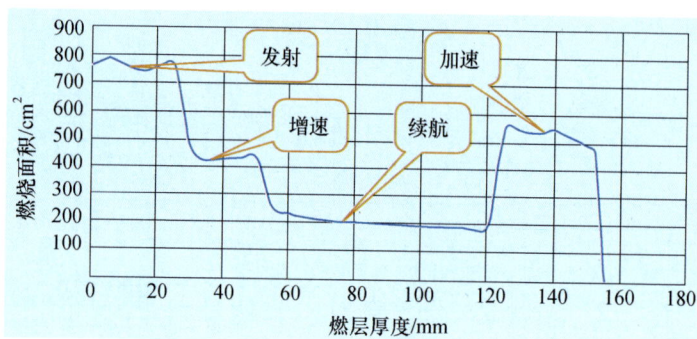

图 4 – 32　四推力装药燃面随燃层厚变化曲线

表 4 – 19　装药燃面、燃速、压强和推力的逐点数据

时间/s	燃烧面积/cm^2	燃速/(mm/s)	计算压强/MPa	计算推力/kN
0.2	758.19	25.1	15.05	7.35
0.39	786.58	25.28	15.72	7.68
0.59	757.44	25.00	15.00	7.50
0.79	740.64	24.83	14.54	7.10
0.99	753.97	24.91	14.85	7.27
1.19	757.57	24.94	14.94	7.30
1.43	460.73	20.56	7.16	3.49

（续）

时间/s	燃烧面积/cm^2	燃速/(mm/s)	计算压强/MPa	计算推力/kN
1.68	421.17	20.05	6.39	3.12
1.94	427.19	19.34	6.25	3.05
2.19	427.34	19.77	6.39	3.12
2.44	428.12	19.91	6.45	3.15
2.82	249.11	13.14	2.38	1.04
3.21	229.65	13.03	2.22	0.97
3.59	218.52	13.01	2.07	0.91
3.98	211.08	12.73	1.96	0.86
4.78	201.63	12.48	1.83	0.80
5.18	198.44	12.40	1.79	0.78
6.81	190.53	12.22	1.70	0.74
8.28	542.91	20.64	8.78	4.14
8.53	537.01	20.47	8.61	4.06
8.77	541.11	20.46	8.67	4.09
9.02	511.07	20.11	8.05	3.80
9.27	488.27	19.74	7.55	3.56
9.5	455.84	19.23	6.87	3.24

表4-19中：

发射级药形的平均燃烧面积为 759.10cm^2，增速级为 432.91cm^2，续航级为 204.21cm^2，加速级为 515.88cm^2；

发射级的平均压强为 15.02MPa，增速级为 6.77MPa，续航级为 1.93MPa，加速级为 8.01MPa；

发射级的平均推力为 7.37kN，增速级为 3.19kN，续航级为 0.82kN，加速级为 3.82kN。

4）性能计算

与双推力和三推力组合装药一样，性能计算主要是根据详细设计结果、推进剂实测性能数据，对装药性能和主要结构参数进行最后复算。结果应能满足装

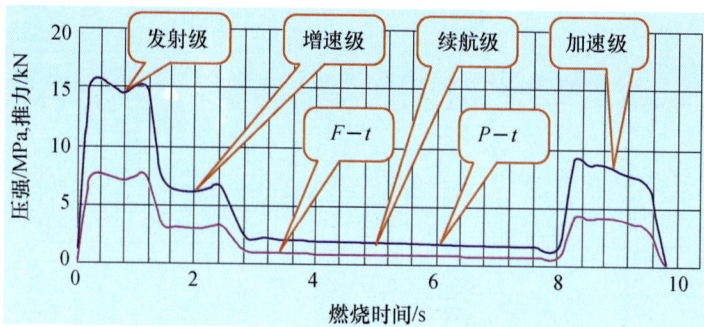

图 4-33　四推力装药压强—推力曲线（计算结果）

药弹道性能指标参数要求。

【续航级】

续航级燃烧室压强：

根据续航级推进剂给出的压强温度敏感系数和临界压强值进行计算，所用计算公式和计算方法均与星形—端燃药形双推力装药计算续航级燃烧室压强相同，见4.5.4节之。

经计算，并取续航级燃烧压强为1.86MPa。

续航级平均推力：

$$F_{cpx} = I_{spx} \cdot \rho_{px} \cdot u_x \cdot S_{bx}$$
$$= 1.9 \times 1.68 \times 10^{-3} \times 1.25 \times 204.21 = 0.815 \text{kN}$$

式中：S_{bx} 为204.21cm^2，是按燃烧规律分层计算各燃层厚度的平均值，比按平端面面积计算的续航级推力更为接近实际值。

计算喷喉面积：

$$A_t = F_{cpx} / (C_{Fx} \cdot p_x) = 0.815 / (1.3 \times 0.186) = 3.37 \text{cm}^2$$

续航级药柱燃烧时间：

$$t_{bx} = L_{px} / u_x = 70/12.5 = 5.6 \text{s}$$

式中：$L_{px} = 70$mm 为药形设计结果。按续航药柱燃烧的实际燃烧面为球形面，根据续航药柱分层燃烧计算结果，平均燃面为204.21cm^2，比初步计算时采用平端面的面积要大，实际所需续航级药柱的长度也要比初步计算时的药长短。

【发射级】

发射级平均推力：

$$F_{cpF} = I_{spF} \cdot \rho_{pF} \cdot u_F \cdot S_{bF}$$

$$= 2.3 \times 1.68 \times 10^{-3} \times 2.5 \times 759.1 = 7.3 \text{kN}$$

式中：$S_{bF} = 759.1 \text{cm}^2$ 是按发射级星形药柱分层燃烧计算的平均燃烧面积。

燃烧室平均压强：

$$P_{cpF} = F_{cpF}/(C_{FF} \cdot A_t)$$
$$= 7.3/(1.45 \times 3.37) = 1.49 \approx 15.0 \text{MPa（单位换算后）}$$

发射级燃烧时间：

$$t_{bF} = E_{1F}/u_F = 25/25 = 1.0 \text{s}$$

式中：发射级燃层厚度 $E_{1F} = 25 \text{mm}$ 为药形设计结果。

【增速级】

增速级平均推力：

$$F_{cpZ} = I_{spZ} \cdot \rho_{pZ} \cdot u_Z \cdot S_{bZ}$$
$$= 2.2 \times 1.68 \times 10^{-3} \times 2.0 \times 432.91 = 3.2 \text{kN}$$

式中：$S_{bZ} = 432.91 \text{cm}^2$ 是按增速级星形分层燃烧计算的平均燃烧面积。

燃烧室平均压强：

$$P_{cpZ} = F_{cpZ}/(C_{FZ} \cdot A_t)$$
$$= 3.2/(1.45 \times 3.37) = 0.65 = 6.5 \text{MPa（单位换算后）}$$

增速级燃烧时间：

$$t_{bZ} = E_{1Z}/u_Z = 25/20 = 1.25 \text{s}$$

式中：增速级燃层厚度 $E_{1Z} = 25 \text{mm}$ 为药形设计结果。

【加速级】

加速级平均推力：

$$F_{cpj} = I_{spj} \cdot \rho_{pj} \cdot u_j \cdot S_{bj}$$
$$= 2.2 \times 1.68 \times 10^{-3} \times 1.9 \times 515.88 = 3.6 \text{kN}$$

燃烧室平均压强：

$$P_{cpj} = F_{cpj}/(C_{Fj} \cdot A_t)$$
$$= 3.6/(1.4 \times 3.37) = 0.76 \approx 7.6 \text{MPa（单位换算后）}$$

加速级燃烧时间：

$$t_{bj} = E_{1j}/u_j = 32.5/19.0 = 1.7 \text{s}$$

式中：加速级燃层厚度 $E_{1j} = 32.5 \text{mm}$ 为药形设计结果。

【装药】

总推力冲量：

$$I_0 = I_{spF} \cdot W_{pF} + I_{spZ} \cdot W_{pZ} + I_{spx} \cdot W_{px} + I_{spj} \cdot W_{pxj}$$

$$= 2.3 \times 3.36 + 2.2 \times 1.5 + 1.9 \times 2.5 + 2.2 \times 2.7 = 22.0 \text{kN} \cdot \text{s}$$

总工作时间：

$$t_0 = t_{bF} + t_{gZ} + t_{bZ} + t_{gx} + t_{bx} + t_{gj} + t_{bj}$$

$$= 1.0 + 0.4 + 1.25 + 0.4 + 5.6 + 0.4 + 1.6 = 10.65 \text{s}$$

式中：t_{gZ}、t_{gx}、t_{gj}分别为发射级向增速级，增速级向续航级，续航级向加速级过渡时间。

装药总质量：

$$W_0 = W_{pF} + W_{pZ} + W_{px} + W_{pj} + W_{BF}$$

$$= 3.36 + 1.5 + 2.5 + 2.7 + 1.1 = 11.16 \text{kg}$$

式中：$W_{BF} = 1.1 \text{kg}$，为装药包覆质量。

计算的装药量中，包括各级药柱燃烧的余药量，其中，发射级余药量为0.25kg，增速级余药量为0.08kg，加速级余药量为0.026kg。这些余推进剂质量和燃烧面积，都可利用分层燃烧计算图进行计算。如，计算发射和增速级的余药药形如图4-34和图4-35所示。

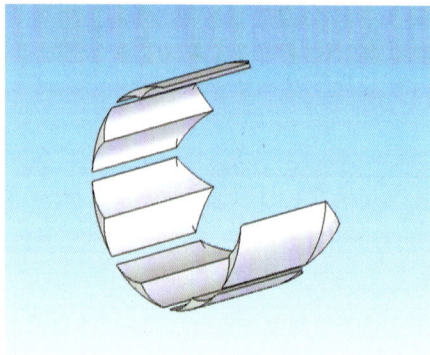

图4-34　发射级燃余药

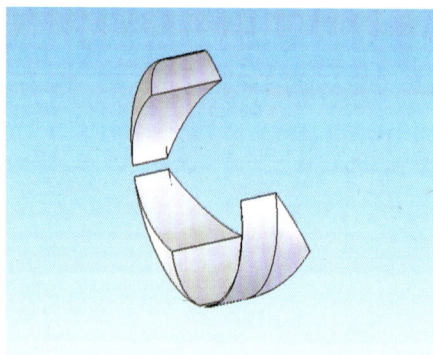

图4-35　增速级余药

性能计算中所得到的各级药柱的弹道性能，应能满足装药技术要求中弹道性能指标要求，如有偏差，应继续调整相关药形参数或推进剂性能参数，经反复性能计算或验算，最终达到装药技术要求。

【实测性能】

经对该四推力组合装药性能试验,所测性能与设计计算结果基本相符,其实测数据如表4-20所列。所测推力及压强随时间变化曲线的形状,反映出弹道参数变化规律与所设计的燃烧面随燃层厚变化,推进剂燃速随压强变化的规律有很好的相关性,与推进剂能量特性等参数相匹配,均满足了四推力组合装药技术要求。实测的弹道曲线如图4-36所示。

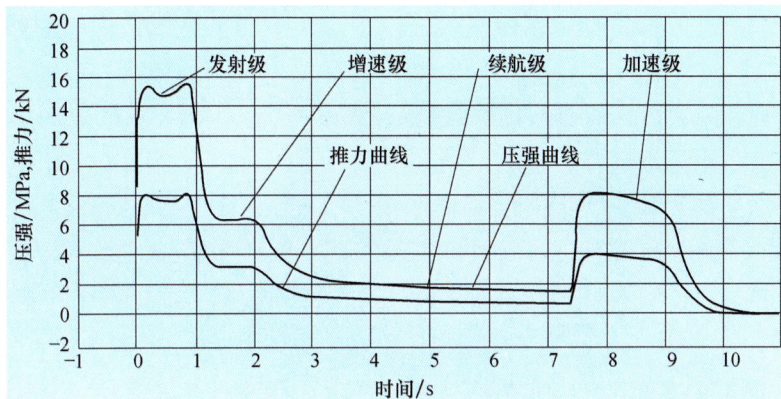

图4-36　四推力组合装药实测曲线

将四推力组合装药发动机弹道性能计算结果、试验测试结果列于表4-20。

表4-20　四推力组合装药主要性能计算值与试验结果

分级 参数 性能	发射级 (第一级)		增速级 (第二级)		续航级 (第三级)		加速级 (第四级)	
	计算	实测	计算	实测	计算	实测	计算	实测
平均推力/kN	7.5	7.49	3.2	3.15	0.81	0.84	3.6	3.75
燃烧室压强/MPa	15	14.6	6.5	6.39	1.86	1.86	7.6	7.6
燃烧时间/s	1.0	0.98	1.25	1.15	5.6	4.4	1.55	1.57
总推力冲量/kN·s	22.0(计算值)				19.77(实测值)			
总燃烧时间/s	10.65(计算值)				9.72(实测值)			

5) 设计分析

(1)四推力的发射、增速和续航级药形设计与三推力相近,而加速级药形要注重与续航级药柱燃烧过渡时的形面设计,在两级压差作用下,避免压差引起燃烧到小燃层厚时出现药面局部碎裂,保持形面完整,使燃烧过渡平缓。

（2）四推力组合装药发动机研究结果表明,适合加速级大燃烧面药形的设计,除了要注重与续航级的过渡形面设计以外,也要注重加速级药形燃烧面随燃层厚度变化的平直性,避免加速级压强出现较大的峰值。图 4-37 给出经过试验验证的环形药形,加速级的压强曲线的平直性较好,续航级向加速级的燃烧过渡点通气截面积小,两级压差能很快达到平衡,燃烧过渡平稳。

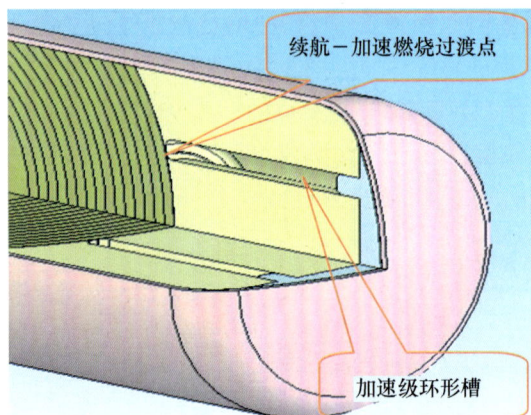

图 4-37　加速级为环形药形的四推力装药

（3）在选择发射和增速两级共用推进剂时,其燃烧特性要在两级使用压强范围内,具有较好的燃烧稳定性,压强指数变化要小。

（4）设计和使用四推力装药的主要目的,是能在导弹飞行弹道的末段获得足够的飞行速度和加速度,这要通过加速级药形设计和确定合适的药形参数来实现,同时要求续航和加速两级共用的推进剂,低压下燃烧性能稳定,在较高压强下,燃烧性能的重现性要好。

4.6　远程高速导弹多推力组合装药设计

采用高装填密度组合装药设计的单室多推力发动机,可实现导弹或飞行器的远程、高速飞行,与同直径单推力装药发动机相比,能有效提高导弹的推进效能。

4.6.1　设计思路

1. 尽量提高发射和增速级推力冲量

根据组合装药设计理论,低压下续航级推进剂的燃速越高,越有利于将组合装药的发射和增速级设计成有较高推力冲量的装药,使导弹飞行到增速段末端有较高的飞行速度。

由续航级推力公式 $F_{cpx} = I_{spx} \cdot \rho_{px} \cdot u_x \cdot S_{bx}$ 可得出,u_x 越高,F_{cpx} 值越大。由 $A_t = F_{cpx}/(C_{Fx} \cdot p_x)$ 关系式,在确定的燃烧压强较低时,各级药柱燃烧共用喷管的喷喉面积 A_t 就越大。又由 $F_{cpF} = C_{FF} \cdot p_F \cdot A_t$ 算式,在确定发射级合适的燃烧室压强下,较大的喷喉面积,就能设计出较高的发射级推力,这同样也使增速级的推力加大,有利于增加这两级的推力冲量。上述分析式中,注脚"x"和"F"分别表示续航级和发射级参数。目前技术水平,在4MPa～5MPa下,可用于续航推进剂的燃速已达到40mm/s以上。能初步满足发射和增速级高装填密度设计的需要。

2. 保证续航级装药有足够的推力冲量

在导弹飞行的续航段,以长时间工作的续航级的大装药量,为导弹飞行提供长时间的续航动力,用来克服飞行阻力和导弹的重力,并在低加速度下,保持较高的速度飞行,就可以大大减少无动力飞行时间,提高平均飞行速度,实现远程高速飞行。

4.6.2　理论依据

根据齐奥尔科夫斯基最大速度公式,可估算导弹无控飞行的最大速度:

$$V_m = I_{sp} \cdot g \cdot \ln[Q_0/(Q_0 - W_p)]$$

式中:V_m 为导弹飞行最大速度;I_{sp} 为发动机比冲;g 为重力加速度;Q_0 为导弹总质量;W_p 为装药推进剂总质量。

由上式可见,通过高装填密度装药设计,当实现多推力装药的发射与增速两级大装药量设计后,根据最大速度公式进行分析,可使导弹飞行达到较大的飞行速度;从增速级过渡到续航段飞行后,实心端燃药柱燃烧产生续航级推力,继续保持或略有增加增速级末所获得的飞行速度,并且,通过增加续航药柱长度来增加导弹动力飞行时间,就可长时间保持导弹在较高速度下飞行,达到导弹远程高速飞行的目的。

4.6.3　技术基础

1. 高性能推进剂

1）高压高能量推进剂

该推进剂用于成形发射和增速级药柱,以增加这两级的推进效能。只要在

10MPa 压强下,实测比冲达到 2400N · s/ kg 以上;密度达到 $1.72 \times 10^{-3} \mathrm{kg/cm^3}$,就适合这种高装填密度装药设计。

2）低压高能量推进剂

该推进剂用于成形续航级药柱,选用低压下高能量推进剂,以充分发挥导弹在长时间续航飞行的推进能量。只要具备 3MPa ~ 5MPa 压强下,实测比冲达到 2200N · s/kg 以上即可。

3）低压高燃速推进剂

目前,可用于续航级推进剂的燃速,能初步满足高装填密度装药设计的需要。

2. 工艺成形技术

在双推力和三推力的动力推进技术已应用于导弹型号的基础上,研究了四推力组合装药的设计与成形技术,已有样机考核结果,能实现多推力组合装药发动机推力方案和相关技术指标,为多推力装药动力推进的性能、功能研究和更广泛应用,奠定了工艺成形技术基础。

4.6.4 设计实例

与单级推力装药相比,多推力组合装药可有效增加装药量,增加推力冲量,提高飞行速度,增加射程。通过设计实例,按照高装填密度设计原则,设计具有最大装填密度的单级推力装药发动机,并与同条件下设计的多推力组合装药进行比较,说明多推力组合装药动力推进的设计特点,并分析这两种动力推进的效能和技术可行性。

1. 高装填密度单级推力装药

1）选用推进剂的性能

（1）压强适用范围:15MPa ~ 22MPa。

（2）推进剂的比冲 I_{sp}:2400N · s/ kg(10MPa 下)。

（3）推进剂燃速 u:30mm/s;燃速公式: $u = u_1 \cdot p^n = 17.57p^{0.19}$。

（4）临界通气参量 α:120。

（5）推进剂密度 ρ_{p}:1.72×10^{-3} kg/cm³。

2）装药结构及药形尺寸

采用内孔为八角星形药形,药柱直径 D_{p} 为 180mm,按最大装填密度设计计算,药长 L_p 为1832mm。

　　为避免产生过大的初始压强峰值,使装药燃烧的初始通气参量小于给定的临界通气参量,采用在药柱后端加锥面的设计措施,使装药设计获得最大的装填密度。经设计,装药结构和药形参数分别如图4-38和图4-39所示。

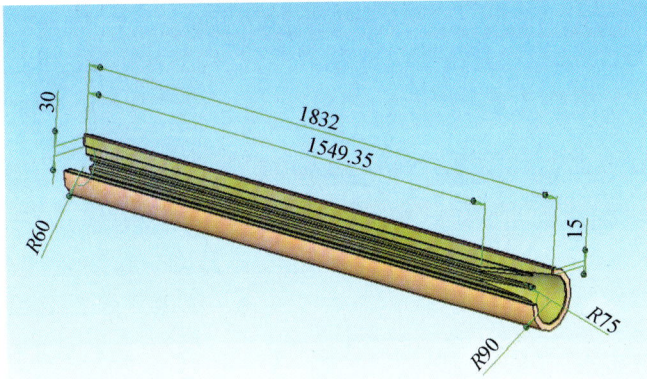

图4-38　单级推力装药

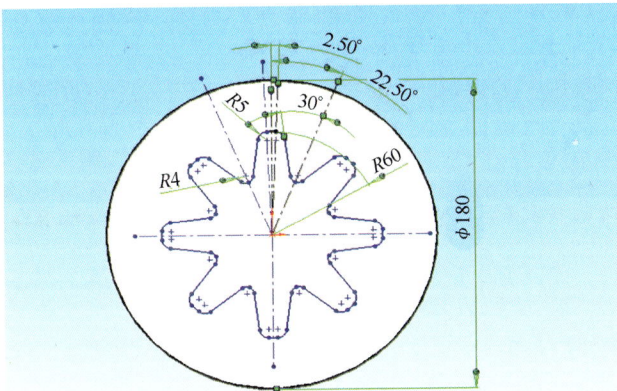

图4-39　单级推力装药药形参数

　　该装药发动机按通用结构设计,发动机直径为200mm,采用金属壳体、单喷管,结构如图4-40所示。

3)发动机性能

　　经计算该发动机和装药的主要性能参数为:

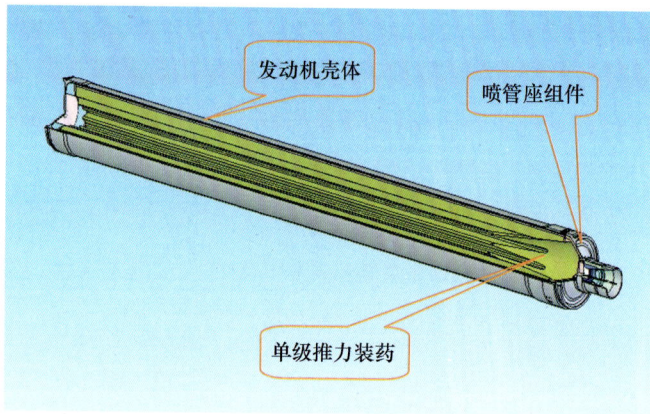

图 4 - 40　单级推力高装填密度装药发动机

（1）药柱质量：55.79kg；

（2）燃烧面积：

不加锥面的初始燃烧面积：10500cm²；

加锥面后初始燃烧面积：10146.32cm²；

加锥面后的等截面部分初始燃烧面积为 8622cm²；

加锥面后平均燃烧面积：10707.4cm²。

（3）通气参量：不加锥面为 146.6；

　　　　　　加锥面后为 120.39。

（4）喷喉面积：52.36cm²。

（5）初始推力：125.67.18kN；

　　平均推力：132.6kN。

（6）燃烧室平均压强：18MPa。

（7）燃烧时间：1.0s。

（8）总推力冲量：133.9kN·s。

（9）发动机空体重：32.8kg。

（10）发动机总质量：88.6kg。

2. 远程高速多推力组合装药

按照多推力组合装药的设计思路，以三推力组合装药为例，说明这种新型单室多推力组合装药动力推进技术的推进效果和使用价值。

1）选用推进剂的性能

（1）发射和增速级，使用压强范围为 15MPa～18MPa，推进剂的性能与单级推力用推进剂相同:比冲 I_{spF} 为 2400N · s/kg,燃速 u_F 为 30mm/s。

（2）续航燃烧室压强为 4MPa,推进剂比冲 I_{spx} 为 2200N · s/kg,燃速 u_x 为 60mm/s;燃速公式: $u = u_1 \cdot p^n = 42.43p^{0.25}$。

（3）推进剂密度:两种推进剂的密度 ρ_p 均为 1.72×10^{-3} kg/cm³。

2）装药结构及药形尺寸

发射级采用八角星形和四槽组合药形,续航级采用端燃药形。药柱直径 D_p 为 180mm,药长 L_p 为 1832mm, 均与单级推力药柱相同,分别如图 4-41 和图 4-42所示。

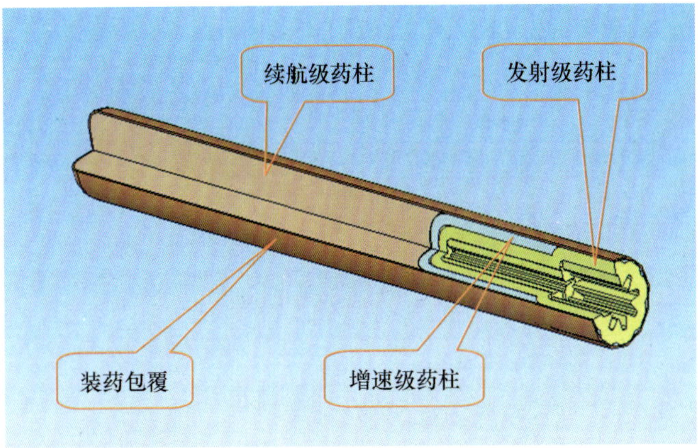

图 4-41　远程高速三推力组合装药

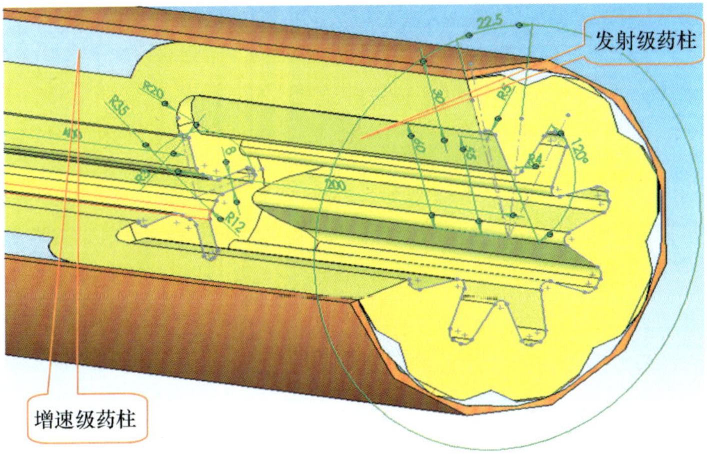

图 4-42　三推力组合装药发射—增速两级药形参数

3）发动机结构及性能

与单级推力发动机一样,该装药发动机按通用结构设计,采用金属壳体,单喷管。

发动机结构:

（1）发动机直径:200mm;

（2）发动机总长:2065mm,与单级推力发动机相同;

（3）喷喉面积:11.11cm^2;

（4）装药总质量: 84.0kg;

（5）发动机总质量:114kg。

发动机结构如图4-43所示。

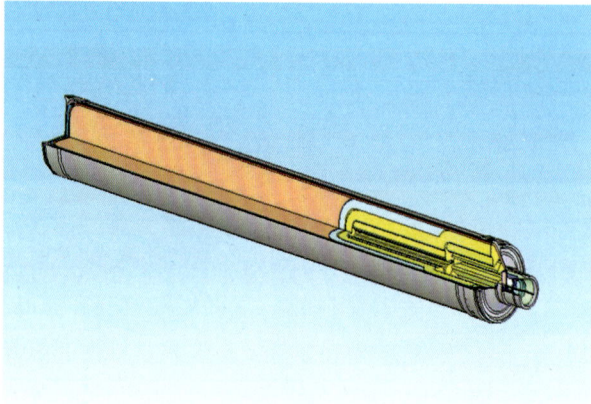

图4-43　远程高速三推力组合装药发动机

主要性能:

经设计计算,发动机及装药的主要性能参数如下:

（1）性能参数计算结果

发射级:

平均推力:$F_{cpF} = 31.58$kN;

燃烧时间:$t_F = 1.0$s;

推力冲量:$I_F = 32.06$kN·s;

发射级药柱重:$W_{pF} = 13.36$kg;

燃烧室平均压强:$P_{cpF} = 18$MPa。

增速级:

平均推力:$F_{cpZ} = 24.16$kN;

燃烧时间：$t_Z = 0.85\text{s}$；

推力冲量：$I_Z = 25.49\text{kN} \cdot \text{s}$；

发射级药柱重：$W_{pZ} = 10.85\text{kg}$；

燃烧室平均压强：$P_{cpZ} = 15\text{MPa}$。

续航级：

平均推力：$F_{cpx} = 6.34\text{kN}$；

燃烧时间：$t_x = 19.6\text{s}$；

推力冲量：$I_x = 124.2\text{kN} \cdot \text{s}$；

续航级药柱重：$W_{px} = 52.2\text{kg}$；

燃烧室平均压强：$P_{cpx} = 4.0\text{MPa}$。

组合装药：

组合药柱质量：$W_p = 76.4\text{kg}$；

组合装药质量：$W_{p0} = 84.0\text{kg}$；

总推力冲量：$I_0 = 181.75\text{kN} \cdot \text{s}$；

总工作时间：$t_0 = 24.8\text{s}$。

（2）燃层厚随燃层厚度变化。装药燃面分层燃烧如图 4 – 44 所示。

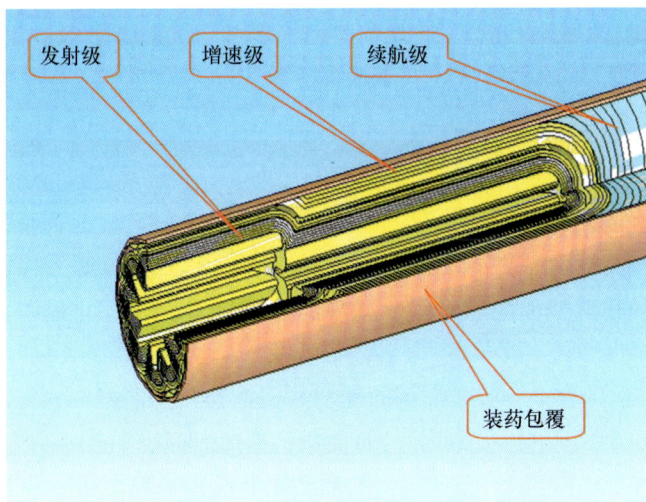

图 4 – 44　远程高速多推力组合装药分层燃烧图

燃面变化逐点数据：

远程高速多推力组合装药燃烧面随燃层厚度变逐点数据见表 4 – 21，燃面随燃层厚度变化曲线如图 4 - 45 所示。

表 4 - 21　远程高速多推力组合装药燃烧面随燃层厚度变逐点数据

燃层厚度 /mm	燃烧面积 /cm²	燃层厚度 /mm	燃烧面积 /cm²	燃层厚度 /mm	燃烧面积 /cm²
0	2192.62	30	2549.13	125	294.07
3	2626.66	35	2039.51	165	285.37
6	2636.02	45	2136.8	215	279.45
9	2648.10	50	2239.74	285	271.96
12	2573.60	55	2251.23	375	267.49
15	2501.21	60	1132.01	1047	254.47
17	2539.42	65	474.56	1067	217.19
20	2567.18	75	337.72	1087	0
24	2670.13	95	308.07		

平均燃烧面积:
发射级:2550.39cm²;
增速级:1939.95cm²;
续航级:279.51cm²。

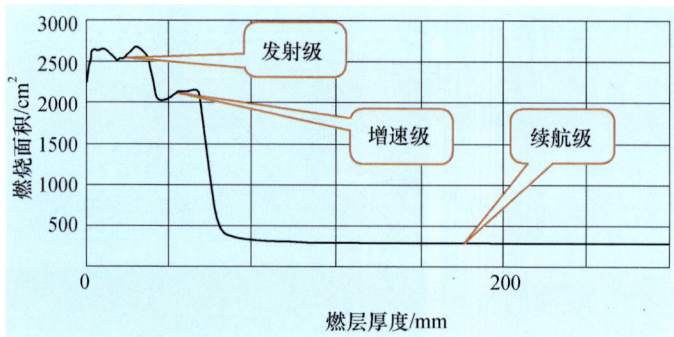

图 4 - 45　三推力组合装药燃烧面随燃层厚度变化曲线

(3) 压强随时间变化。

逐点数据见表 4 - 22。

表4-22 远程高速多推力组合装药压强随时间变化逐点数据

燃烧时间/s	压强/MPa	燃烧时间/s	压强/MPa	燃烧时间/s	压强/MPa
0	16.44	0.97	20.88	4.3	5.13
0.1	19.45	1.2	15.66	5	4.9
0.2	20.17	1.5	15.67	5.7	4.8
0.3	20.3	1.7	15.8	6.9	4.67
0.44	19.8	1.8	16.1	8.4	4.52
0.5	19.5	2.3	5.7	19.5	4.33
0.55	19.4	3	5.3	20.7	3.61
0.65	19.52	22	5.2	3	0
0.77	20.44	3.8	5.15	4.3	

压强变化曲线如图4-46所示。

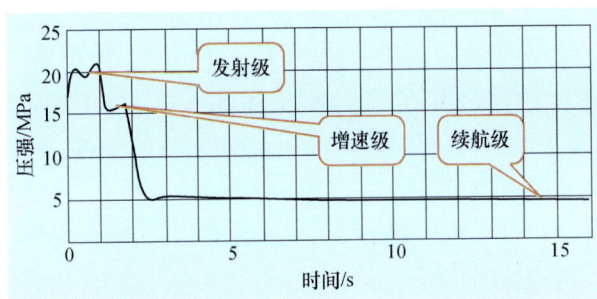

图4-46 远程高速组合装药压强随时间变化曲线

3. 两种装药发动机性能比较

1) 弹道性能

上述实例设计计算结果表明,对相同直径和长度的两种装药,单推力装药和多推力组合装药的质量相差较大,单推力药柱的推进剂质量为55.79kg,多推力组合装药药柱质量为76.4kg,多推力组合装药的推力冲量比单推力装药多47.85 kN·s。显然,多推力组合装药的动力推进能量远高于单推力装药。

2) 结构性能

由于多推力组合装药的结构为半封闭形式,装药前端不需要很大的缓冲和补偿空间,发动机壳体长度和结构也比单推力装药发动机的结构紧凑,质量轻。

3) 综合性能

将表征发动机综合性能的有关性能参数列于表4-23中,从这些性能参数的差异中,可以比较两种装药发动机动力推进效能的高低。

表 4 – 23　综合性能比较

性能参数	单位	单级推力发动机	多级推力发动机
药柱质量	kg	55.79	76.40
发动机总质量	kg	88.6	114.0
发动机总冲	kN·s	133.9	181.8
发动机质量比		0.63	0.670
发动机冲量比		1.511	1.594

4. 设计分析

1）单级推力装药发动机

（1）对单级推力装药，由初始通气参量的计算结果，药柱质量超过 50kg 时，通气参量已达到 140 以上，如不加锥面进行调整，将产生过大的初始压强峰值，通过加锥面的措施后，药柱长度为 1832mm，推进剂质量 55.8kg，已达到最大的装药量和装填密度，处于饱和设计状态。

（2）由于受到上述设计参量的限制，对于药柱直径为 180mm 的单级推力装药，发动机最大推进动力的容量已被限定，其装药量不能像多推力组合装药那样，通过增加续航药柱长来进一步加大装药量。

（3）这种高装填密度装药的单级推力发动机，还可能因为短时间的大推力，使导弹飞行产生过高的飞行过载，对导弹的其他结构件承受的载荷增加，有时会使其应用受到一定的影响。

（4）同样因为在短时间内，使导弹飞行达到很高的飞行速度，也会产生很大的飞行阻力，使导弹的飞行效率降低。

2）多推力组合装药发动机

（1）上述设计实例表明，在选用低压下高燃速和高能量续航推进剂条件下，可使多推力组合装药的发射和增速两级具有较大的推力冲量，能使导弹发射和增速飞行具有足够的能量；续航级装药又可根据需要增加药柱长度，而这种长度和质量增加的范围较大，导弹飞行射程的增加不会受到设计参数的限制，在续航级工作条件允许的情况下，可最大限度地增加续航级装药量，满足远程飞行要求。

（2）多推力组合装药的应用和推广使用主要包含两方面。在功能设计方面，该装药能实现一台多推力发动机为导弹不同弹道飞行段提供不同的动力，合理分配所需推进能量。与采用多发动机组合的动力推进系统相比，能大大减轻消极质量，提高了推进效能。在性能设计方面，通过增长续航级的工作时间，增加续航级推进剂质量，来增加导弹飞行的平均速度，达到远程高速飞行的目的。

第 5 章　成形工艺及质量控制

多推力组合装药有不同的组合形式。需根据不同的组合装药药形、所选推进剂的种类及组合装药包覆的不同形式,选择不同的成形工艺。在研制阶段,确定合适的装药成形工艺,包括原材料选用和工艺设备的确定;各工序工艺规范的制定,包括质量检验与控制等,是装药成形质量的根本保证,也是确定生产阶段装药成形工艺的依据。

不论在装药研制阶段还是在交付使用中,常出现装药的各种故障,从排查结果看,由于成形工艺质量问题引起各种缺陷造成的故障所占比例较大,所以,合理确定组合装药成形工艺,做好质量控制,对消除各种缺陷引起的故障,提供合格装药尤为重要。

5.1　组合药柱成形工艺

对于等截面药形药柱按分立的形式组成的药柱,可采用螺压工艺成形。对于不同推进剂按径向分层组合的药柱,不同药形与不同推进剂按轴向组合的药柱,需采用浇铸成形工艺。

本章重点叙述的多推力组合装药是指采用不同药形在轴向串联组合,选用不同性能推进剂药柱和包覆,在结构上形成一体的装药形式。这种组合药柱多采用浇铸工艺成形,与单级推力浇铸药柱相比,其浇铸工装和成形工艺较为复杂,不论是双推力药柱,还是三推力或四推力药柱,都需要两次浇铸和固化才能制成整体组合药柱,经包覆后形成多推力组合装药。

5.1.1　两次浇铸工艺

典型多推力组合药柱的发射和增速两级药形,多采用内孔燃烧药形,在有特殊需要时也可将第一级药形设计成内外表面燃烧的药形;而续航药形多为端面燃烧药形,若需要成形加速级药柱时,这级药柱也与续航级药柱整体浇铸成形,形成由两段药柱组成多推力组合药柱,即发射、增速级药柱和续航、加速级药柱。这两段药柱所用推进剂也往往不同,发射、增速药柱需要采用高能高燃速推进剂,续航、加速药柱一般要根据续航级设计需要,选用低压下高燃速推进剂。由于这种整体组合药柱有两种推进剂组成,工艺上需采用两次浇铸来成形药柱。

以四推力组合药柱成形为例,药柱的成形顺序是要先成形续航、加速级药柱,经整形后将该药柱放入浇药模具中,再浇铸发射和增速级药柱。加速级药形也常为内孔燃烧药形,用芯模成形。为防止浇铸发射、增速级药柱时,加速级药形改变,在浇铸发射、增速级推进剂时,加速级的芯模需留在药柱中,待整体药柱固化后连同发射、增速级芯模一起脱出。

在第二次浇铸和固化过程中,由于较高的浇铸和固化温度,使得已在模具中的加速、续航药柱产生溶胀,界面尺寸和形状会发生改变,浇铸发射、增速药柱前,要根据溶胀变形量的大小,调整好药柱模芯的位置尺寸,以使所设计的界面位置尺寸满足设计要求。

5.1.2 二次固化工艺

如上述,多推力组合药柱需经过两次固化,续航、加速级药柱先经过第一次固化成形,在组合药柱第二次浇铸完固化中,续航、加速药柱会产生气体向外排出,为保证第二次固化后药柱质量,浇药模具要设有排气孔,将产生的气体从排气孔导出,以避免在第二次浇铸和固化中产生的气体窜入待固化的发射、增速级推进剂药柱中。

除上述二次浇铸、固化的工艺和工装需要特别设计以外,在多推力组合药柱的成形工艺中,不论是采用复合推进剂还是采用改性双基推进剂,或是其他浇铸推进剂;不论是采用淤浆浇铸工艺,还是造粒浇铸工艺,对浇铸料浆的准备,制球和造粒工艺以及浇铸工艺参数的检测和质量控制方法等,均与浇铸单级推力药柱相同。

5.2 装药包覆成形工艺

多推力组合装药的发射和增速两级为测燃药柱,续航级为端燃药柱,加速级也为侧面燃烧药柱,对整体药柱的外侧面和药柱前端包覆后,构成半封闭结构形式的组合装药,如图4-1~图4-3所示。这种半封闭式装药包覆,除形状及成工艺与单级推力装药有所不同外,在包覆厚度确定及各种性能检验等都与单推力装药包覆相同。

多推力组合装药包覆的结构形式为圆筒状,底部与整体组合药柱形状相同,多为球形。由于装药尺寸和组合药柱质量不同,需采用两种不同的包覆工艺。

5.2.1 三元乙丙包覆套包成形工艺

套包工艺适于成中小尺寸的组合装药。根据阻燃要求,包覆层可采用单层结构,如现行几种导弹产品,不论单室双推力,还是单室三推力组合装药包覆,都是根据组合装药的底部形状,采用单层圆筒形的结构形式。包覆筒用模具压制而成,经对组合药柱整形并涂匀胶合剂后,将包覆筒采用套包工艺紧套在整体药柱外,经驱胶、胶合剂固化、后端面整形等工序,完成组合装药的包覆成形。由于三元乙丙橡胶等包覆层,能较好地满足装药长时间工作的阻燃要求,加上橡胶为基体材料包覆层的延伸率很高,制成的包覆筒有较好的弹性、韧性和强度,能很好地满足套包工艺要求和使用要求,已被几个产品的多推力组合装药所使用。

5.2.2　硅橡胶包覆灌挤成形工艺

对于大直径和长度大的装药,包覆筒制作和套包工艺都难以实施。需要改变包覆工艺。如,某产品单室双推力组合装药,直径为350mm,装药推进剂质量达165kg。选用了耐烧蚀性能较好的硅橡胶包覆材料。包覆成形采用灌挤的成形工艺。就是将硅橡胶包覆剂按工艺要求配好后,将其倒入包覆模具中,再将组合药柱经整形和涂胶处理后,吊入包覆模具,装药在按要求定位过程中,将包覆剂自下而上挤出包覆模具,待包覆剂常温硫化后,即形成这种大尺寸装药的包覆。

这两种包覆材料及成形工艺都被产品装药所使用。从产品使用结果看,三元乙丙包覆耐烧蚀和抗冲刷性能较好,在相近装药工作条件下,包覆层的设计厚度较小,包覆层的质量较轻。由于需要采用沿纵向合模的模具以高压压制包覆筒,在包覆筒分模面上就存在密度低的问题,需要对模压工艺参数加以严格控制和对100%的装药包覆进行质量检验;而硅橡胶包覆,由于借助包覆模具中能较准确地定位,形成一体包覆层的厚度较均匀,灌挤的包覆层也容易实现密度均匀,避免了分模面上密度降低的问题。但与三元乙丙包覆层相比,同条件下所需包层厚度大,包覆层质量大。

近年来,也在研究多推力组合装药的包覆工艺,如注射成形工艺、复合材料缠绕成形工艺等。这些成形工艺,不但能使包覆的阻燃性能明显提高,也大大减少了工艺成过程中的手工操作量,使包覆层的成形质量大为提高。

5.3　组合装药常见故障

装药产品研制过程中,要随项目研制进程经历方案论证,初样机、正样机和设计定型等研制阶段,在各阶段的研制试验中,会暴露出各种技术问题,这些问题要经过仔细的技术分析,采取相应的技术措施,使这些问题得到解决。经各种性能考核试验,鉴定试验和定型试验考核,最终达到装药技术要求。研制中出现的这些技术问题,属研制中要解决的技术问题,往往是产品研制过程中避免不了的,不属于由于各种缺陷造成产品故障的范畴。

故障常指发动机在设计定型前的总体试验中,在设计定型后的生产交付检验中,或在部队使用中,由于发动机的各种缺陷引起的故障。

在发动机使用中,由于出现故障,引起功能失效、性能变坏、结构破损,甚至产生发动机爆炸等问题,因而影响导弹产品的交验或交付部队使用,是不可忽视的。

在发动机故障中,出现装药故障所占比例较大,为说明典型缺陷对发动机工作性能和可靠性的影响,列举一些装药研制中和定型后出现的严重缺陷和致命缺陷,以及所采取的技术措施。这对发动机和组合装药设计、推进剂使用、药形设计、确定药柱成形工艺及装药质量控制等,都是可借鉴的。这里所述严重缺陷是指影响发动机工作性能的缺陷,如弹道曲线不正常、主要弹道性能参数不满足指标参数要求等;致命缺陷是指影响发动机工作可靠性的缺陷,如结构破坏、发生发动机爆炸等;由这些缺陷所引起的发动机出现故障是不允许的,必须通过技术分析和排查,经试验验证确已排除,才能继续后续的生产。

5.3.1 组合药柱内部缺陷

推进剂药柱内部缺陷主要包括混入杂质、药柱裂纹、气泡、局部疏松等。药柱成形中混入组分以外的杂质,这些杂质有的成为推进剂药柱中低密度物质、夹渣、微小分散的异物,使药柱的密度发生改变;药柱裂纹是因为在成形药柱过程中,有的是内部的预应力在消失过程中产生的,也有的薄燃层厚药柱在不当的机械力作用下产生微裂纹,是一种对装药工作可靠性危害较大的内部缺陷;还有的药柱,在螺压成形工艺中,药柱吸收和混同不均匀;压伸大直径实心药柱的中心部位疏松,密度不均等;在浇铸工艺中,药柱内产生气泡、局部疏松等。这些缺陷如出现漏检或检验不出来,就会使装药性能变坏或影响工作可靠性。

1. 药柱裂纹

1)缺陷的性质

在某产品装药的研制中,曾出现低温下发动机解体的故障。从破坏残留药柱的碎块可以清晰看到,在药柱形面的转角处,有燃气窜入的沟槽,分析是在保低温时,药柱出现了裂纹,属于致命缺陷。

2）查明的原因

在查找原因的保低温试验中,当保温结束打开低温箱的箱门后,可间断地听到药柱崩裂的响声,查明在药柱保低温过程中,温度从20℃降到-40℃的温差变化下产生了开裂。其破坏位置如图5-1所示。

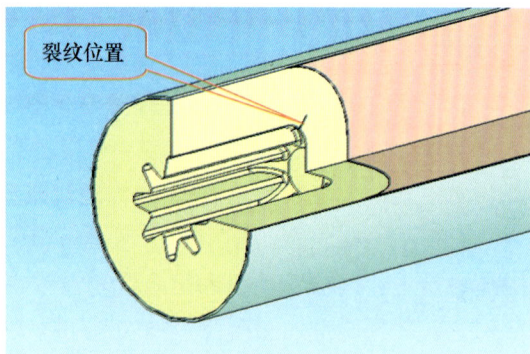

图5-1　保低温药柱圆弧过渡处裂纹

3）采取的措施

对推进剂的配方做相应的改变,适当降低抗拉强度,增加了低温延伸率,从而使温差应力作用下,增加了变形适应能力;

增加了过渡圆弧半径,由 R15 增至 R30。减小由于温差产生的应力集中引起的应变。

经系统的低温试验、高低温冲击和温度循环试验考核,消除了该缺陷给装药工作可靠性带来的影响。

2. 药柱内部低密度杂质

1）缺陷的性质

某产品发动机装药,在地面飞行试验中,因药柱内部混有低密度杂质引起了发动机爆炸,也出现致命缺陷。

2）查明的原因

经反复故障分析和试验排查,在对故障批装药的相邻编号药柱进行无损检查,采用CT扫描检验时发现,在药柱内部出现低密度特征量,CT值出现较大差异。经剖开后查找,发现在低密度位置上,取出像细棉绳头一样的杂质。采用具有同样缺陷性质的药柱,按与故障弹同样的试验和环境条件,进行发动机地面静止点火试验,测得的试验曲线异常,装药燃烧到所测低密度区的时间附近,出现压强急升,最大压强值已超过设计压强。这就复现了低密度杂质这种缺陷引起的故障,查明了原因。

排查试验证明,燃烧至低密度区时,燃气在低密度物质处,很快将该部位推进剂药柱烧成孔洞,燃面瞬速扩大,引起压强急升,造成发动机爆炸。

3）采取的措施

该装药药柱采用螺压工艺成形,重点对物料混同工序进行整改,对操作现场和物料包装等可疑环节,实行严格控制和检查,细化工艺操作程序,使该问题得到了解决。

3. 螺压药柱中心部位疏松

1）缺陷的性质

这种缺陷的装药是出现在发动机鉴定试验中,装药是单室双推力组合装药,第一级为内孔星形药形,第二级是实心端燃药形,药柱均采用螺压工艺成形,用两级药柱端面粘接的形式构成组合药柱。实心药柱的直径135mm,因受螺压机挤压强的限制,实心药柱中心部位产生疏松,在第一级高压作用下,燃速急速增加引起压强急升,出现发动机爆炸。该缺陷应属致命缺陷。

2）查明的原因

经试验排查,该装药第一级较高的燃烧室压强直接作用在续航级药柱端面上,由于中心部位结构疏松,密度低,燃速增大,导致压强急升,造成发动机爆炸。

3）采取的措施

根据该实心药柱在第二级低压工作时,装药工作可靠的试验结果,采用在两级药柱间粘结6mm厚的耐高压推进剂药片,避免实心端燃药柱受高压作用,使该故障得以排除(图5-2)。在后续的考核试验和鉴定试验中,装药工作正常,得到试验证明。

4. 浇铸药柱内局部结构疏松

1）缺陷的性质

某产品研制初期的装药,由增速级星形药柱和续航级实心药柱组成,是一种不同推进剂和不同药形组成的组合药柱。研制试验中出现续航级曲线异常,有的在续航级工作初期,曲线高出设计值一倍多,之后转入正常值工作;有的曲线在续航级结束段,曲线突升,也大大超出设计值(图5-3)。因续航级超压值低,未达到燃烧室壳体爆破压强,属严重缺陷。

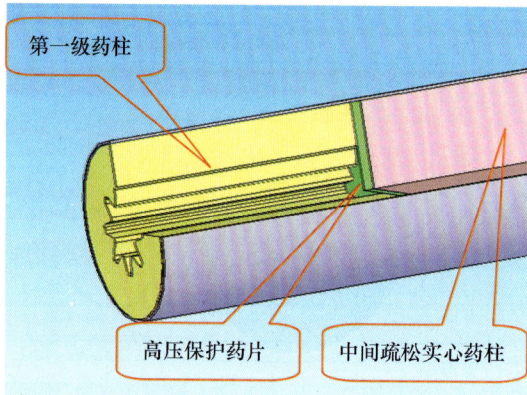

图 5 - 2　排除故障后装药图

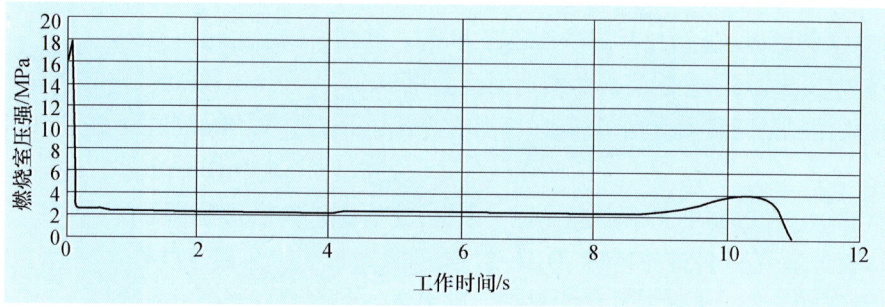

图 5 - 3　尾部突升压强曲线

2）查明的原因

该续航级实心端燃药柱采用浇铸工艺成形,在浇铸的坯件顶部都有一段疏松区,由于浇铸的药柱坯料短,疏松区的深度较大,制成的成品药柱的一端,留下部分疏松结构,燃烧到这一结构疏松区,燃速增加,导致压强曲线的突升。

3）采取的措施

经排查,查明了产生疏松结构的深度范围,采用加长药柱成形模筒,将药柱坯料上带有疏松区的部分切除掉,通过 X 光探测和对药柱密度检测,保证了成品药柱的致密度,排除了这种缺陷引起的故障。这一缺陷的出现,也为后续采用浇铸工艺成形的药柱,提供了很好的借鉴作用。

5. 浇铸药柱内部气泡

1）缺陷的性质

与上文同种组合装药,在研制试验中测得第一级(增速级)曲线异常,出现压强突升,超出设计值,改变了正常曲线的形状(图5-4)。这也属严重缺陷。

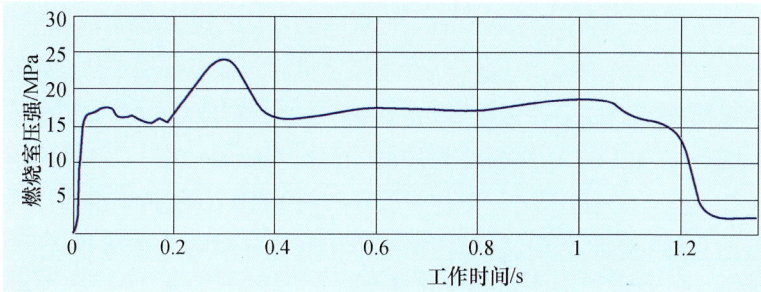

图5-4   增速级压强异常曲线

2)查明的原因

该组合药柱是先将续航级实心端燃药柱浇铸成形,将其装入模筒内,在该药柱上面再浇铸增速级药柱。固化过程中,工艺温度70℃~80℃,在增速药柱下面的续航药柱所产生的气体,窜入增速级待固化的药料中,随固化过程,一部分气体在增速药柱中形成气泡,有的在药柱表层,有的距药柱表面较深。后经剖切观察,在车削药柱外表面都陆续发现气泡的迹象,证实是由于固化中续航药柱产生的气体窜入增速级推进剂药料中所致。

3)采取的措施

经改进浇铸模筒,浇铸增速级药柱前,将续航药柱上面与增速级药柱相接端面进行密封,同时改用在模筒密封部位下方开有出气孔的浇铸模具,使得浇铸和固化过程中续航药柱产生的气体,不再窜入增速级未固化的药料中。该措施消除了增速药柱中的气泡。经各种条件下发动机试验考核,装药工作曲线正常,证明该缺陷引起的故障得到排除。

5.3.2   包覆层缺陷

装药包覆是保证装药按预计的燃烧规律燃烧的重要措施,不论是端面包覆、侧面包覆还是局部用包覆材料进行阻燃的表面,都不能出现包覆阻燃功能失效或破坏。常见的包覆缺陷包括包覆层脱粘、开裂、局部损伤、包覆层烧穿、涂敷工艺成形包覆层的漏涂等。这些缺陷,都会引起装药性能变坏,工作可靠性受到危害,出现由于包覆缺陷引得的故障。

1. 包覆层脱粘

这种缺陷在已定型的装药产品中也会出现,由这种缺陷所引起的故障会导致发动机发生爆炸,也属于致命缺陷。出现这种缺陷的装药都是侧面燃烧装药,有的是内孔燃烧自由填装式装药,有的是复合推进剂贴壁浇铸成形的装药。

产生包覆脱粘的缺陷原因较多,常常很难做出确切的分析。有的属药柱与包覆界面间粘接强度降低,在先烧到包覆表面的高温燃气作用下,燃气窜入,燃烧面迅速扩大;有的则由于工艺或包覆材料或过渡层的涂刷等原因造成。

要查出这种缺陷的原因,首先应从成形工艺和材料的改变环节入手,通过测试,多种手段的检验,找出性能变坏的环节加以恢复或改进,使该缺陷所引起的故障得以排除。

2. 包覆层开裂

除包覆层脱粘外,包覆层开裂、包覆层烧穿、包覆层局部破损等缺陷都是影响装药工作可靠性的致命缺陷或严重缺陷,都要在装药研制中避免出现。对包覆成形的质量控制见 5.4.2 节。

5.3.3 装药非正常燃烧

固体推进动力系统工作性能的稳定性,是导弹或其他飞行器能否完成预定任务的重要保证,它不但取决于所用推进剂装药工作过程的稳定性,同时也与燃烧室结构等因素密切相关。多年来,对固体推进剂稳态燃烧机理的研究,国内外从事推进剂理论研究工作者进行了大量工作,研究了双基、复合推进剂、改性双基和改性复合推进剂稳态燃烧理论,提出多种稳态燃烧的物理模型和数学模型,有的还根据这些模型设计一些相关的实验进行验证。对了解和确保推进剂的燃烧稳定性起到了重要的理论指导作用。但由于各种推进剂燃烧过程的复杂性、影响因素的多元性,以及随着新型推进剂不断发展,使得准确地预估和判断推进剂稳态燃烧的可靠性,以及对出现的非稳态燃烧的分析,都很难满足装药产品研制和使用的需要。在推进剂装药的实际使用中,仍不断出现装药非稳态燃烧问题的困扰。

1. 非稳态燃烧现象

非稳态燃烧是装药在燃烧室内燃烧过程中出现的一种特殊的现象,发动机工作异常,能测到的压强和推力曲线出现震荡等不符合设计状态的变化。

(1) 推力、压强曲线发生周期性的震荡或不规则的变化,出现二次峰。最大振幅的压强值远远超出设计值。

（2）发动机试车试验中,发生强烈的震动和声响。

（3）观察试车台上的发动机摄像,有的会出现发动机意外旋转或出现不应有的移位。

（4）若碰到非稳态燃烧引起发动机解体的特遇试例时,装药残骸可能存留,在有的试例装药上,会发现内外燃烧装药的外表面,沿长度方向有较规则的鱼鳞状波纹。半封闭式内孔燃烧装药药形的端面上,有沿环向对称的凹坑;内孔燃烧装药的内表面,出现波纹状麻点,凹坑或凸凹不平的表面。

（5）测得的数据显示,装药实测比冲值出现明显的降低。

2. 非稳态燃烧分析

根据稳态燃烧理论,人们常把非稳态燃烧分为以下几种情况。

（1）按发生非稳定燃烧的机理,分为声震荡燃烧和非声震荡燃烧。

（2）按数学模型分,又可分为线性不稳定和非线性不稳定燃烧。

（3）按震荡波形分,可分为横向波震荡、纵向波震荡或混合型震荡。

（4）按震荡的频率分,分为高频（1000Hz 以上）、中频（100Hz～1000Hz）和低频（100Hz 以下）震荡燃烧。也有的将高频震荡视为强声震荡,将低频震荡视为弱声震荡。

3. 燃烧室内声震不稳定性分析

固体装药在燃烧室内燃烧,其燃烧面是声震发源处,燃烧室空腔相当于振荡器。由于装药燃烧中有一部分能量以声能的形式在燃烧室内传播,不论是正常燃烧或非正常燃烧,都会产生"试车声"。

当燃烧产生的声振波频率与燃烧室的固有频率相耦合时,这部分声响应能量被激励,就会形成声不稳定燃烧。所以微小声振荡的耦合放大,是出现声不稳定燃烧的前提。

如前文所述,推进剂燃速与压强、燃气流速有密切的关系,当燃烧面受到来自交变的声压作用时,其燃速受声压和流速影响而产生周期性的变化,这种燃烧响应会在声耦合条件下发生,不论由声压引起的压强耦合燃烧响应,还是由声速和燃速引起的速度耦合燃烧响应,都会形成声能增益,当所增加的增益超过一定的限度,就会产生声不稳定燃烧。

4. 对声不稳定燃烧的抑制

任何声学系统都存在着声激励因素和声阻尼因素。装药在燃烧室内燃烧,部分能量是以声能的形式传播,当出现压强耦合燃烧或速度耦合燃烧,都是由声激励因素所致。实际上,任何声传播系统,也存在着声阻尼因素,它们能使声能损失、声震荡衰减。了解各种声能增益和声能衰减因素的影响,对了解装药燃烧形成的声传播系统,减缓和消除声震不稳定燃烧的分析可提供一定的帮助。

1)声不稳定燃烧增益因素

(1)压强耦合燃烧响应;

(2)速度耦合燃烧响应;

(3)燃气流动与声场效应在燃烧面处的对流引起的声不稳定增益;

(4)半封闭式呈喇叭状药形装药,燃烧时对燃气流场的扬声激励效应,也可能引起声不稳定燃烧的增益。

2)声不稳定燃烧的阻尼因素

(1)喷管阻尼。有学者对喷管阻尼研究的结果表明,喷管对声场内不稳定燃烧有很强的阻尼作用,可占声能损耗的一半以上。

(2)燃烧室壁面阻尼。由于燃烧室壁与燃气流间的摩擦,使气体流动形成附面层,气体粘性流动的摩擦损失,加上燃烧室壁散热损失等,都是形成燃烧室壁面阻尼的因素。对自由装填装药,这种粘性损失和导热损失对声能消耗的份额也较大,可对声不稳定燃烧起重要的阻尼作用。除燃烧室壁面外,有导流管的发动机,其壁面也起到声阻尼的作用。

(3)装药和燃烧室的不规则壁面阻尼。声波在反射和投射过程中,声能的一部分被吸收。如声波在不规则的壁面上反射或折射,产生声能损失;声波在具有粘弹性装药中透射,一部分声能就要被装药吸收,也会产生声能损失,形成声阻尼因素。

(4)自由空腔阻尼。燃烧室头部,装药后端面处的自由空间,对声能传递也引起声能损失,所以在装药装填设计时,都会留有合适的自由空间,这些自由空间除装药装填结构设计和点火空间需要外,也起到声阻尼的作用。

(5)燃烧室结构阻尼。燃气流动受到结构阻挡、阻塞、气流转弯、交叉流动,生成质量有径向的流动,都会造成声能消耗,也损失消耗总能量,形成声阻尼的因素。

(6)消振结构阻尼。这是比较有效的抑制声震装置。常将其装在装药内孔中,产品常用的有截面是方形、矩形或十字等形状的消振棒,一般采用金属芯棒,并在金属棒的表面上成形不同形状和具有一定厚度的惰性材料,以便在烧蚀脱落时形成粒子阻尼。其作用是干涉和阻止流场与声场间相互作用引起声能的积累,可起到声阻尼和减震的双重作用。

（7）微粒粘性阻尼。除了在声场外和声场边界形成声阻尼因素外,还可在流动的声场内产生声阻尼因素。抑制声不稳定燃烧的最重要途径是在推进剂中加入能产生微粒的组分,称弹道稳定剂。

有资料研究表明,对频率600Hz～6000Hz声震荡,在推进剂中添加铝粉、Al_2O_3等金属及金属氧化物,对抑制非稳态燃烧具有很好的效果。

5. 非稳态燃烧的抑制方法

装药在燃烧室内燃烧出现不稳定燃烧的问题,不论在一些产品研制中,还是在产品已装备使用的生产阶段,都出现过因装药燃烧不稳定问题而影响发动机研制和使用的情况。

经多年研究,针对不稳定燃烧现象,可通过测定响应函数的方法来判断,但随着新型推进剂的使用、制导导弹传输信号透过率的要求等,对装药排出燃气的微烟、微光、微焰、微声等隐身技术要求也越来越高,加上燃烧室结构的局限性,使得装药的使用条件越来越苛刻,加上设计不当等原因,都会使声不稳定燃烧的声能增益因素增加;这些新型推进剂的使用,使得原有的鉴别和测定方法遇到困难,已有的抑制不稳定燃烧的方法,已赶不上推进剂技术发展和发动机研制进度的需要。往往只能从非稳定燃烧的基本理论出发,根据定性的分析,并通过改进性试验予以解决。

根据非稳态燃烧理论,抑制和消除不稳定燃烧,首先是要设法减少声不稳定燃烧的声能增益因素,也就是消除燃气流动可能形成的速度耦合;其次是消除声压与燃烧室压强变化可能生成的压强耦合;再次是增加声不稳定燃烧的阻尼因素,也就是采取结构措施,在燃气流动的声场中,消除压强耦合和速度耦合的可能,或在推进剂中有效的添加弹道稳定剂形成粒子阻尼。

6. 抑制声不稳定燃烧的实例分析

1）调整推进剂配方

某产品装药为内外表面燃烧的管状药形装药,在生产阶段的检验中,出现压强曲线异常,在出现二次峰时发动机爆炸。在以往的使用中也出现过装药燃烧异常而引起致命性缺陷产生故障。

经分析是出现了不稳定燃烧问题。试验排查中发现,由于生产中使用的弹道稳定剂组分在换批时引起改变,实测弹道稳定剂的含量和粒度都与规定值出现差异,测定后进行了调整,对弹道稳定剂的含量、粒度和粒度的分布,都做了相应的调整,解决了出现的不稳定燃烧问题。

可见,合理配制推进剂组分和配方,并在工艺实施中予以保证,是消除不稳定燃烧的有效途径之一,特别对燃烧(弹道)稳定剂的含量、粒度大小、粒度分布等重要参数,要严格予以控制。

推进剂中加入燃烧稳定剂的实际作用是,在推进剂燃烧中,燃烧稳定剂参与燃烧反应后,在燃烧产物中生成金属氧化物微粒,这些微粒形成声不稳定燃烧的阻尼因素,有效地消除了不稳定燃烧。经试验分析确定,在该推进装药的配方中,将燃烧稳定剂 Al_2O_3 的含量、粒度和粒度分布,都做了相应调整,使这一问题得到了解决。

研究结果表明,除对特殊用途的推进剂外,在各种推进剂中加入燃烧稳定剂,是配方中不可缺少的组分。常用作燃烧稳定剂的有铝粉 TiO_2、MgO、$CaCO_3$、Al_2O_3、SiO_2 等,试验结果表明,推进剂中加入燃烧稳定剂,对抑制中、高频声不稳定燃烧,常能得到很好的抑制作用,甚至可起到决定性作用。

2) 改变装药药形

改变装药设计参数、药形及药形参数,对降低推进剂燃烧中声能增益的激励因素,也能起到消除不稳定燃烧的效果。

曾有资料报道,"麻雀"Ⅲ型导弹发动机,采用了高装填密度的内孔燃烧管状药形。为抑制燃气流动引起的震荡燃烧,采用在轴向预定距离上,加环向槽的形面设计。除了能起到使压强曲线平直性较好的效果以外,对改变燃气流向,增加不同方向的燃气流动,减少速度耦合的激励因素,对消除该内孔燃烧药形出现的声不稳定燃烧,起到了很好的抑制作用。

苏联 SAM-6、SAM-7 导弹助推器,美国 TOW 式导弹发射发动机,国内某导弹发动机装药,都采用内外燃烧多根管状装药,并在每根药柱长度方向上,开有沿螺旋线分布的径向孔。除了能起到快速点火的作用外,还使径向孔中生成的气流方向与主气流方向相垂直,气流交叉流动产生的流动损失和声能损耗,形成了声阻尼因素,对不稳定燃烧能起到很好的抑制作用。

国内某产品发动机,采用半闭式内孔燃烧组合药形,压强曲线也呈现出低频震荡的不稳定燃烧现象,压强曲线异常(图 5-5)。发动机产生解体。对残留的药柱进行解剖后,发现在封闭端的端面上,有清晰可见的麻坑,麻坑数目与星角数相同,直径约为 4mm～5mm。压强曲线的震荡和药柱端面上的麻坑,都说明该发装药燃烧出现了纵向低频声振荡燃烧。

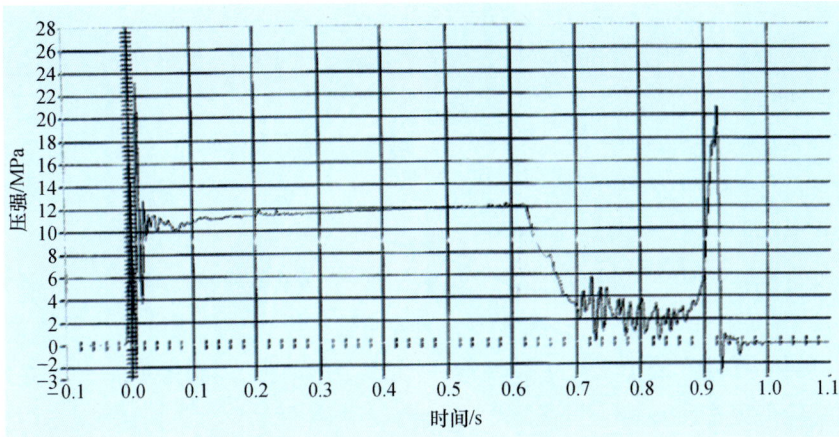

图 5 - 5　某产品装药不稳定燃烧试验曲线

对此曾采用增加燃烧稳定剂含量的措施,但该现象仍有发生,说明增加稳定剂含量,对产生低频声不稳定燃烧抑制作用的效果不明显。

后将七星角药形改为六星角药形后,消除了该装药出现的不稳定燃烧现象。

总之,装药设计中,需要对所设计的药形进行仔细分析,在可能的条件下,对已发生不稳定燃烧的药形,如半封闭式组合药形、管状通孔药形、内燃星孔药形等,增加一些生成不同流向的燃烧面,对抑制不稳定燃烧,有时也是很必要的。对正在研制中的装药,如果出现不稳定燃烧的特征,可通过改变药形,设置增加声阻尼因素的燃烧面,也会达到消除不稳定燃烧的效果。

3) 设置声阻尼结构

采取结构阻尼以避免产生不稳定燃烧的措施,在国外的装药产品中采用较多。较典型的有美国的"阻尼人"航空火箭发动机、"巨鼠"火箭发动机,都采用减震棒的结构阻尼方法;"百舌鸟"导弹发动机装药,采用在药柱中间加惰性材料制成的隔板,作为结构阻尼形式,也可起到抑制声不稳定燃烧的效果。采用隔板结构阻尼分纵向隔板和横向隔板两种,纵向隔板能扰乱推进剂药柱燃烧表面气流流动,对切向流动不稳定的震荡类型能起到抑制作用;横向隔板可干扰装药燃烧产生的纵向类型的震荡,其声阻尼效果较好。如,法国"响尾蛇"地空导弹发动机,在两截药柱中部的端面包覆中间,设置隔板结构,就是为消除该装药燃烧时产生的不稳定燃烧。

7. 非声不稳定燃烧

非声不稳定燃烧常指发动机在低压工作时,工作压强发生周期性的震荡,震荡频率要比最低声震不稳定燃烧的频率还要低,这种不稳定燃烧还可能转变成断续燃烧,这是一种燃烧和熄火交替进行的喘燃,也有时在燃烧开始后就一直出现喘燃,直到装药燃烧结束。

发生这种燃烧的根本原因,是低压下燃烧反应的速度过低,气相反馈给固相的热量过少,不足以保证固相的热分解,不能进行正常的汽化过程,以致发生燃烧中断的现象。

推进剂在低压工作时,须保证燃烧室压强大于推进剂的临界压强,否则会发生上述断续燃烧的问题;双基推进剂的临界压强比复合推进剂的临界压强要高,确定燃烧室低温下最小工作压强时,要留有更多的余量,以保证低压下推进剂装药燃烧的稳定性。

在单室多推力组合装药低推力的续航级,也常采用端面燃烧药柱。这种多推力装药的续航级药柱开始燃烧时,是由燃烧室高压瞬间降到续航级低压段工作,这种燃烧室压强突然从高压降到低压的压强扰动,会引起续航级初始压强下降,甚至出现熄火后再燃烧的现象。某单室双推力发动机的组合装药,在由燃烧室高压增速段过渡到低压续航段工作时,就曾出现过上述现象。将两级不同推进剂过渡段的界面进行调整后,使装药在过渡段时间段,两种推进剂都参与燃烧,该问题得到较好解决。这说明装药在燃烧室低压工作时,设计上应根据推进剂临界压强的大小,合理确定燃烧室的工作压强,以避免出现断续燃烧问题。

非声不稳定燃烧的另一种形式是燃烧转爆轰。它是表征推进剂危险性的一项标识性参数。推进剂的燃烧和爆轰是两个不同的状态,根据推进剂燃烧理论,燃烧过程是热传导,辐射和燃气扩散等为主要特征的燃烧过程;而爆轰则是借助沿装药内部传播的冲击波能量,对装药内部结构的冲击和压缩等激烈作用,引起装药发生爆炸的破坏形式。

在推进剂燃烧时,火焰区的燃气不能很快排出时,会引起反应区内压强不断升高,燃速随之急升,生成一系列强压缩波传向还未燃烧的推进剂内,经叠加形成冲击波,当达到某一临界值时,就会由激烈燃烧诱发爆轰。

对这种由燃烧转爆轰的非稳定燃烧理论,国内外早有研究,也采用过多种试验测定方法来研究燃烧转爆轰的生成条件,但因所有试验和测试装置仅是一次使用,试验成本高,尽管经多年研究,但均未见有确切的结论性报道,一般还停留在定性分析上。

在装药使用中,也常有装药瞬间爆炸发生,但很难确定哪些瞬时爆炸是属于燃烧转爆轰的类型。在工程研制阶段,常常将装药爆炸所引起的故障能否得到复现,能否及时排除故障,作为最终追求的结果。要经深入研究,分辨出那些属于燃烧转爆轰的原因引起的装药爆炸,既受研制周期的限制,也不具备条件。

但是,这种不允许出现的燃烧现象,在装药设计、使用和试验中,要予以充分的注意。

5.4 组合装药质量控制

装药质量控制,主要是对生产过程中各工序的质量控制与质量检验。首先要根据装药技术要求制定装药成形工艺。其次是设计合理的各项成形工艺规程。质量控制的重要问题是,推进剂制备前,对原材料的复验与检验;制备过程中,对半成品的检验。如,浇铸药混合料浆的粘度、均匀性、流变性等;螺压药工序中对吸收药的质量、压延后的塑化度、烘干后的含水量等工艺参数进行检验,以达到控制质量的目的。装药设计应该注重的是,所设计的药形和要求的成形工艺,有利于推进剂制备和装药成形。如,螺压成形药柱的最大直径、最小燃层厚度和最小截面积等;浇铸药复杂药形的厚度差,过渡形面的过渡圆角等,都要考虑到推进剂成形要求和成形工艺实现的可能和方便,尽量避免装药设计给工艺成形和检验带来不必要的问题。

5.4.1 药柱成形质量控制

1. 高固含量推进剂药柱成形质量控制

为提高改性双基推进剂的能量,增加组分中氧化剂组分的含量是采取的措施之一。如,增加黑索今、奥克托今的组分含量等。装药应用的效果可以证明,恰当增加黑索今或奥克托今的含量,能有效增加推进剂的比冲。但推进剂中固体含量增加,也带来一些影响装药质量的问题。有的螺压工艺成形推进剂,其黑索今含量已达40%以上,这种高固体含量的推进剂,在混同工序和压延工序都需保证严格的工艺操作,并制定能满足推进剂性能要求的工艺检验参数。在混同工序,要保证药料混合均匀。在压延工序,压延后的塑化程度也是保证推进剂性能的关键工艺参数,所确定的该工艺参数,应根据塑化度等参数的检测结果是否符合推进剂性能要求为准,以保证这种推进剂装药产品的质量。对浇铸成形的高固体含量推进剂,在药料的搅拌时间和相应的药料均匀性等方面,都要进行相应的检验。这些质量控制措施,对这种高固体含量推进剂装药成形,都是重要的质量保障措施。

2. 组合药柱不同推进剂界面成形质量控制

组合装药的使用情况表明,采用不同药形和不同推进剂相组合的装药,已被多种产品使用。该装药能实现用一台发动机,采用单室双推力或多推力的组合装药,可满足导弹发射、增速和续航等多种推进功能要求。但在组合药柱成形的工序中,需要同时兼顾两种推进剂的成形工艺条件。所确定的工艺,包括固化温度控制,两种推进剂结合面的处理,界面结合强度,以及组合药柱成形过程中,不同推进剂间的性能是否互相影响,固化和成形后两种推进剂各组分是否相容等,都需要在成形前进行必要的工艺试验,根据试验和测试结果来确定成形工艺。这些都是避免这种组合药柱成形质量出现问题的重要防范措施。

3. 组合药柱二次固化工艺质量控制

对现阶段使用的两种推进剂组合药柱,不论是侧面组合或是端面组合的药柱,在成形中都存在两次固化的问题。在第二次固化中,由于前一级药柱在第二次固化时,会产生膨胀变形,使界面位置发生改变,不同推进剂组合和不同固化工艺,所产生的影响大小也有所不同,使得组合药柱的分界形面与设计形面产生偏差,需要通过成形工艺摸索。根据第二次固化对接界面变化的影响,进行工艺尺寸协调,以满足设计要求。

由于两次固化,除了要对推进剂老化性能的影响需要测试分析外,两级推进剂间是否存在互相影响也要在选择推进剂时,进行必要的测试和分析。在不影响装药性能的条件下,确定的成形工艺和采取的各项质量保证措施才更有意义。

5.4.2 包覆成形质量控制

影响包覆质量的因素较多,装药包覆成形工艺质量控制,是影响装药工作可靠性的重要环节。在满足药柱燃烧阻燃性能要求的前提下,要着重对包覆成形进行质量控制。但在成形包覆的过程中,对成形质量的实时监测和质量检验还难以实现,除目视可见的质量问题外,装药包覆出现影响使用的质量问题,还主要靠装药的各项性能考核试验来发现,从装药工作失效的结果中,分析哪些是属于包覆成形质量问题。排除这些质量问题,首先要从装药包覆的材料、成形工艺、包覆的工作条件、储存环境及装药受力等,逐项进行原因分析。

装药在储存和使用中,由于环境温度变化会产生温差应力,装药受压、受冲击、承受高过载等外力作用,装药装填结构设计不当会引起装药局部产生应力集中等,都可能引起包覆脱粘、开裂等形式的破坏。这些都需要在选择包覆材料、确定包覆层的性能、装药设计,以及在留有足够的设计裕度上,予以充分考虑。

包覆质量问题主要指包覆成形中,由于原材料准备,半成品制备,涂敷、注射、粘贴等包覆成形等环节,有时会出现的不能保证质量的问题。及时排除这些问题,才能保证装药包覆阻燃的可靠性。

1. 包覆脱粘

从力学角度分析,若外力引起的应力,超过包覆层与药柱表面的粘接强度,则会产生脱粘;若储存环境引起的温差应力,长时间的温、湿度影响,使包覆层与药柱表面的粘接强度下降,甚至出现零强度贴接的情况,也会出现脱粘。这种脱粘失效形式因脱粘间隙极小,往往很难靠无损检验的分辨能力查出。

2. 包覆开裂

包覆开裂也是装药使用中常出现的问题。从破坏机理分析,当外力引起的应力超过包覆本身的应力极限时,就会发生开裂形式的破坏。但在实际使用的装药包覆中,也常有成形工艺不当引起的一些质量问题。在模具压制橡胶类或硬质材料制作的装药包覆中,有时出现包覆开裂质量问题。如某产品装药侧面包覆,须采用模具压制成筒形包覆套,再将包覆套套装在药柱上。由于模具纵向合模缝处的强度低,致密性差,形成薄弱部位,在燃气压强作用下沿分模面的方向,产生局部开裂;除这种纵向开裂破坏形式外,采用硬质材料包覆时,也发生过沿环向开裂的破坏形式。某产品的侧面包覆装药,采用改性不饱和聚酯包覆剂,由于添加耐烧蚀填料降低了适应环境温湿度变化的性能,在储存期间,从药柱的后端面开始出现环向开裂,并沿轴向向里面延伸。显然是包覆材料的延伸率不能满足储存环境条件变化引起包覆开裂。

3. 包覆局部烧穿

包覆层被高压高温燃气烧穿,或局部烧穿引起窜火,也是装药包覆产生破坏的一种形式。这种破坏除了设计原因或装药工作条件改变引起的以外,控制包覆材料的质量和保证成形工艺质量也是非常重要的。在某产品发生的装药破坏中,曾发现橡胶类包覆层中混有杂质,经严格控制包覆材料的配制和检验后,使问题得到解决;避免这类包覆材料硫化中的局部"过烧",也是需要在包覆成形工艺中严加控制的问题。这种夹杂物,过烧点、低密度区等都会引起包覆局部烧穿。

5.4.3 包覆层强度检验

包覆层的质量控制与检验,是保证和了解包覆成形工艺质量的主要措施。如前文所述,在成形包覆的过程中,对成形质量的实时监测和质量检验还难以实现,除目视可见的质量问题外,很难在生产线上随时检验出不合格品予以剔除。所以包覆成形质量控制,主要靠原材料检测、合理确定工艺、按工艺规程进行操作等环节来保证包覆质量。为了合理确定工艺,要根据包覆使用条件和要求,借助制备一些单项包覆试件,进行与包覆受力相关的力学性能测试和其他分析性试验,来测试包覆层本身以及与药柱结合的性能。一般地,药柱与包覆的粘接强度,常用拉伸强度、剪切强度、剥离强度来表征,用所测得的数据为选择材料,确定工艺和查找失效原因提供试验依据。包覆层耐烧蚀性能的试验和测试,包括烧蚀试验、发动机装药燃烧的燃气冲刷试验等,是普遍采用的试验和检测方法。

1. 拉伸强度试验

采用与装药产品包覆同样的材料和工艺,制备标准尺寸的拉伸试样(已有企业标准),在材料试验机上进行拉伸实验。

试件示意图如图5-6所示。按测试的结果核算试件的拉伸强度值。

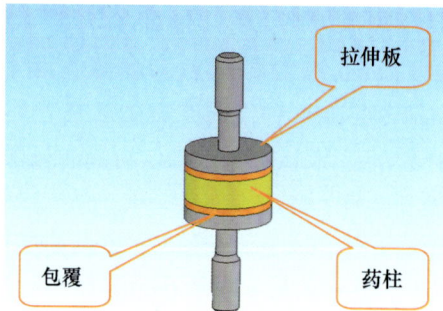

图5-6 拉伸试验试样

2. 剪切强度试验

制备剪切式样有两种结构尺寸,一种制成搭接试样,结构尺寸为:包覆层厚度为2mm~4mm,推进剂药块厚度为5mm~8mm,试样粘接面积约(20×25)mm²;试样结构如图5-7所示。另一种试样为圆柱形,尺寸可按企业标准或根据产品取样;试样结构如图5-8所示。

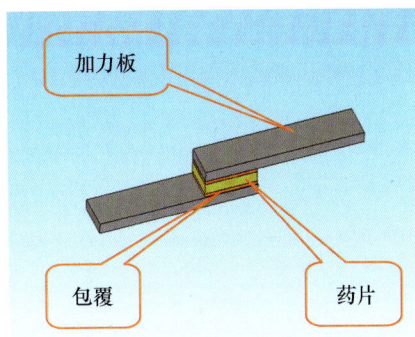

图5-7 搭接形式剪切强度测试

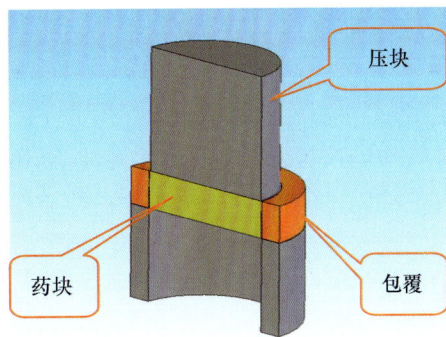

图5-8 圆柱形(剖面图)剪切强度测试

同样按测试结果核算出推进剂药柱表面与包覆界面界面的剪切强度。

3. 剥离强度试验

按成形包覆同样的工艺制备该项试验的试样坯件,截取表面积为$(25 \times 100) mm^2$带包覆的推进剂药块,先用人工将一端包覆层剥离,再将推进剂药块和被剥离的部分用专用工装夹好,装在试验机上以一定的速度拉伸,核算出推进剂药柱表面与包覆界面的剥离强度。

试样示意图如图5-9所示。

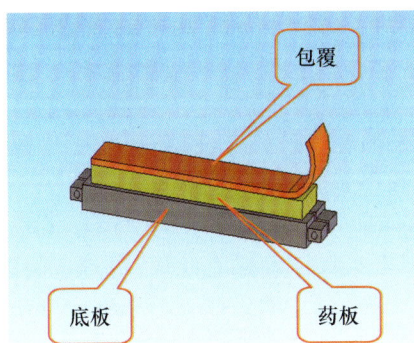

图5-9 剥离试验试样

5.4.4 装药内部缺陷的无损检验

固体推进剂装药已经用于各种动力推进系统,为了确保该系统工作可靠和使用安全,需要在不破坏装药的条件下,发现和检测人们目视无法观察的缺陷,并能给出装药能否使用的分析数据。无损检验就是在这一前提下检测缺陷,并以其检测特征参数或测得与缺陷相关的参数,对装药内部缺陷进行判断,给出检测结果。这对保证装药成形质量、指导成形工艺设计、原材料选择及改进成形工艺等,都可起到重要的指导作用。

为了检验无损检验的正确性,也还需要借助装药破坏性检验,以便用这种破坏性检验,找出各种缺陷与无损检验结果之间特征数据的相关性,在缺陷性质、缺陷尺寸、检验参数,以及对比试样及标准制定方面,建立系统的"诊断"和判定的依据。

无损检验虽然能达到不破坏装药产品,但对检测结果的分析、处理和判定等,要比有损检验和测试复杂得多,并且容易受到各种因素的影响,出现漏检和误检的问题。有效的无损检验,还需要通过经验积累、严格的检测程序以及采用合适检测精度的设备来保证。

1. X 射线检测

1）检测原理及对缺陷的判定

X 射线是人肉眼看不见的射线,能像普通光一样直线传播。X 射线能穿透物质,包括金属在内,但穿过这些物质时,因能量被吸收而衰减。其能量衰减按下述规律:

$$I = I_0 \cdot e^{-\mu x}$$

式中:I 为穿透某物质 $x$cm 后的强度;I_0 为穿透前强度;μ 为衰减系数。

当推进剂药柱或装药的内部无杂质和缺陷时,X 射线穿过后,因材质均匀,其能量衰减值应是相同的;当药柱内存在夹渣、裂纹、局部疏松和气泡等缺陷时,X 射线透过有缺陷和无缺陷区域处,能量衰减出现差异,X 射线强度也随之不同,X 射线穿过药柱照在感光胶片上时,就呈现出感光度差异形成的影像。通过缺陷式样对比或对特征数据的处理,可判定缺陷性质、结构特性等测试结果。

2）X 射线检验设备

可用于检测装药内部缺陷的 X 射线检验设备的型号较多,主要由操纵台、高压发生器、X 射线管和冷却装置组成,如图 5 - 10 所示。

X 射线检测的关键性能是能在空间分辨出最小的药柱缺陷;在胶片上感光影像清晰可辨,能容易确定出缺陷的形状和尺寸。近年来,随检测技术的发展,X 射线检测装药内部缺陷的水平也大大提高,是检验装药内部缺陷普遍采用的检测方法之一。

图 5 – 10　通用 X 射线检验设备外观

2. CT 扫描

1）检测原理

CT 是电子计算机断层装置（Computerized Tomograghy）的简称,用该装置对装药产品进行断层扫描,也称断层摄影。采用计算机图像重建技术获得断层图像,逼真地把被测断面的结构展示出来,通过计算机判读和分辨,给出该断面的检测结果。

CT 断层扫描与普通成像不同。传统成像,如 X 射线成像,是将三维结构投影为二维图像,这就使得在推进剂中的缺陷有互相重叠的可能,引起判别和分辨的困难,有的还可能造成误判。而 CT 断层扫描重建的图像或给出的检测特征数据,可避免图像重叠问题,大大提高了对各种装药缺陷"诊断"的准确性。

2）缺陷的判定

在 CT 扫描中,吸收系数 μ 是用 CT 值来表征的,即

$$CT = 1000(\mu - \mu_水)/\mu_水$$

式中:$\mu_水$ 为水的吸收系数。显然,水的 CT 值为

$$CT_水 = 1000(\mu_水 - \mu_水)/\mu_水 = 0$$

由于空气的吸收系数 $\mu_{空气}$ 为 0,空气的 $CT_{空气}$ 值为

$$CT_{空气} = 1000(0 - \mu_水)/\mu_水 = -1000$$

由被测物质 CT 值特性及数值关系,通过测定 X 射线通过物质后能量的衰减,既可利用 CT 断层扫描测出药柱内部每一部位的 CT 值,在通过计算机系统进行数 – 模转换和数据处理,在荧光屏上即可显示出来。对药柱内部缺陷,如气

泡、夹渣、裂纹等,给出相应部分的 CT 值,也可达到检测要求,完成对缺陷的判定。

3) CT 扫描检验设备

国内常用的设备有 SCT – 100N2 电子计算机断层扫描装置。其像素为 256×256。表征检测的指标参数为空间分辨率和密度分辨率,分辨率越高,发现装药内部最小缺陷的能力越强。该装置的空间分辨率可达 0.2mm ~ 0.4mm,较普通 X 射线检测设备要高出 2 倍。

3. 其他无损检验

除采用 X 射线检测、CT 扫描检测等常用的方法外,对装药的无损检测还可采用超声波检验、激光全息摄影和内窥镜拍摄等方法。随着装药无损检测技术的发展,新的检测设备也陆续投入使用,检测精度、数据处理速度、图像分辨率等都会有大幅度提高,装药缺陷的分辨能力也更加确切。这对装药内部缺陷的检验,保证装药产品质量将提供更好的检测手段。

Chapter 6

Various forms of combination grain

第6章　组合装药的多种形式

近年来,单室多推力组合装药发动机在导弹产品上开始应用,除了采用各级药形串联组合的药形结构以外,还有其他单室多推力装药形式。有的已在导弹型号中应用,有的正在研制阶段。这些不同形式的多推力组合装药,同样可满足不同导弹对飞行动力的需要。

设计不同形式的组合装药,都可实现多推力的飞行动力需求,要使这些装药在单一燃烧室内燃烧,就需要在装药结构设计、装药药形设计和推进剂的选择方面,根据发动机总体要求,进行合理的布局,实现功能设计和性能设计的统一。

6.1　分层侧面燃烧组合装药

这种装药早在20世纪90年代就有国外导弹型号应用。如美国的"阿达茨"(ADATS)反坦克导弹发动机装药,就是采用内外两层侧面燃烧药形相组合的双推力装药。点燃装药后,第一级高燃速推进剂先燃烧,第二级低燃速推进剂后燃烧,通过两级燃速和燃烧面的不同,达到所需推力比。装药结构如图6-1所示。

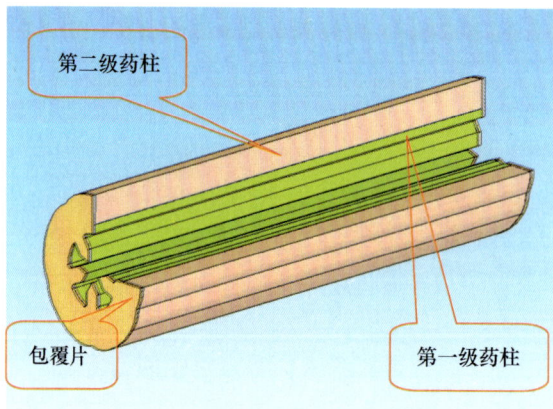

图 6-1　分层侧燃双推力组合装药

这种装药结构的优点是药形简单,装药成形工艺实施难度小,装药结构也较紧凑;缺点是两级推力比低,外层药形燃烧时,因燃烧面的增面比较大,燃烧室压强曲线上翘。如果在使用压强范围内,采用负压强指数的推进剂,或在药柱外表面加锥面等减面措施,压强曲线上翘问题也可得到缓解。这种装药的发动机壳体结构,都是按照总体结构而定,与单级装药发动机设计相同。

6.2   分立式药柱组合装药

这种装药也是近几年开始研制的单室多推力发动机组合装药。装药结构是采用相同或不同药形,分别用不同燃速推进剂成形各自独立的药柱,在单一燃烧室内将其组装在一起,形成单室多推力发动机组合装药。图6-2是一种分立形式组合装药的典型结构。

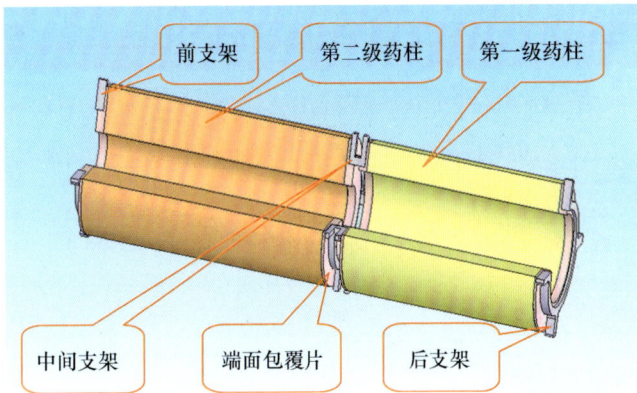

图6-2   分立式管状双推力组合装药

该组合装药作为动力推进系统,可很方便地提供不同推力的动力。装药结构采用两段药柱同轴连接,装配前组装成连接一体的装药,药柱采用内外表面燃烧的管形药形,以不同的燃层厚度、不同的内外径,形成不同面积的燃烧面;两药柱也可分别采用不同燃速的推进剂,就可根据弹道参数要求设计一定推力比的分立式组合装药发动机。

两段药柱的同轴连接形式也可根据装药长度、通气参量大小、内外通气参量差的大小,在两级药柱间,设计成有径向气体流通和无径向气体流通的结构形式。对有径向气体流动的结构形式,是通过设计有燃气流动通道的中间支撑连接结构来实现,连接件的结构形式如图6-3所示。

分立式组合装药单室多推力发动机与组合发动机相比,结构紧凑,质量轻,推进效能高。缺点是该装药发动机的推力比较小,弹道性能设计没有组合发动机那样宽泛、灵活,装药在燃烧室的安装与定位结构较复杂。

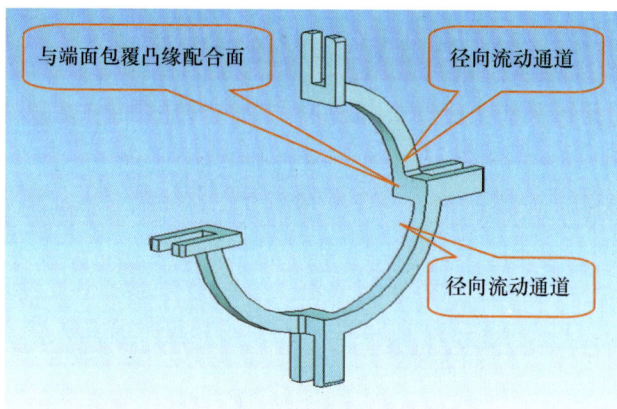

图6-3　分立式管形组合药柱中间连接件

6.3　相同药形不同燃速的组合装药

这种类型组合装药已在中等直径的反坦克导弹上应用。典型的应用有法、德联合研制的"米兰"(MILAN)反坦克导弹发动机装药。该装药采用端面燃烧的药柱相组合,装药的增速级(第一级)由高燃速推进剂制成,续航级(第二级)采用低燃速推进剂。装药结构如图6-4所示。

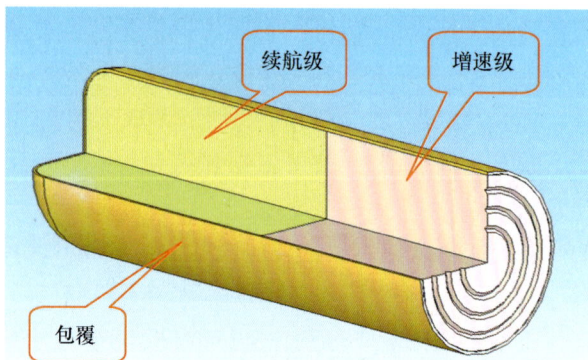

图6-4　端燃组合装药

这种装药的最大优点是装填密度高,弹道曲线平直性好,性能参数稳性。缺点是增速和续航两级的推力比小。

6.4 独立装药分立组合结构发动机

6.4.1 同口径分立结构发动机

分立形式组合装药比整体结构组合装药的设计更灵活,在一定结构条件下,可以实现双推力到四推力发动机设计,最适合的结构形式是采用斜置多喷管总体结构,用带喷管的中间体将燃烧室的前后两部分相连接,形成单室多推力发动机。图6-5所示发动机,就是双推力独立装药分立组合结构发动机,给出了与导弹同口径发动机的典型结构形式。

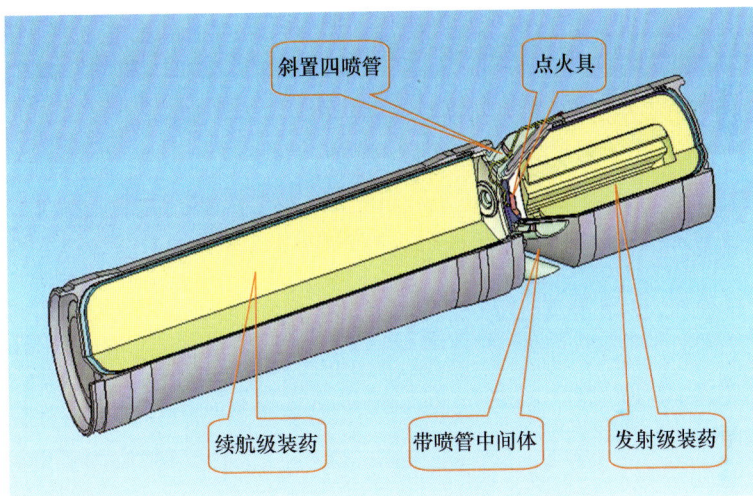

图6-5　双推力独立装药分立组合发动机

若将续航级装药设计成增速、续航和加速级装药,即可将这种分力结构形式,设计成分立形式和整体组合形式相结合的单室多推力发动机。

1. 结构特征

这种结构发动机的关键部件是带喷管中间体结构,其作用是将燃烧室的前后段连成一体,安装喷管,点火具和固定、缓冲分装的组合装药(图6-6)。

2. 发动机参数

按设计计算结果,这种发动机的弹道性能范围与整体结构组合装药可实现的性能相近,其设计方法和对推进剂的选用也相同。以该双推力分立组合装药发动机为例,给出发动机的各项性能,作为了解和开拓多推力组合装药多种结构

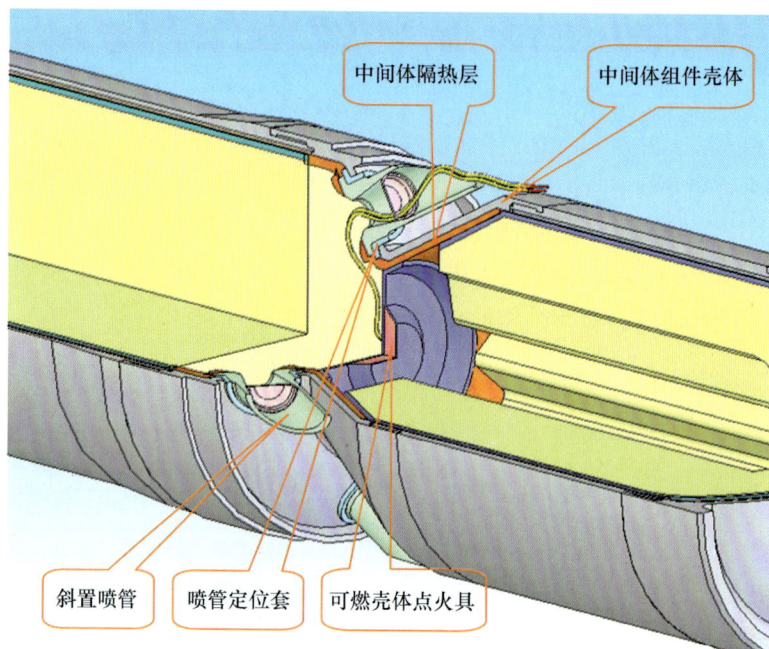

图 6-6 带喷管的中间体结构

发动机设计思路的参考。

1）结构参数

（1）最大直径:182mm；

（2）发动机总长:960mm；

（3）喷喉总面积:4.46cm^2；

（4）燃烧室前段壳体外径:175mm；

（5）燃烧室后段外径:175mm。

2）装药参数

续航级装药:

（1）装药外径:166mm；

（2）药柱外径:160mm；

（3）装药长度:603mm；

（4）药柱质量:20kg；

（5）包覆质量:1.2kg。

发射级装药：

（1）装药外径:162mm；

（2）药柱外径:157mm；

（3）药柱质量:6.0kg；

（4）包覆质量:0.4kg。

详细药形参数如图6-7所示。

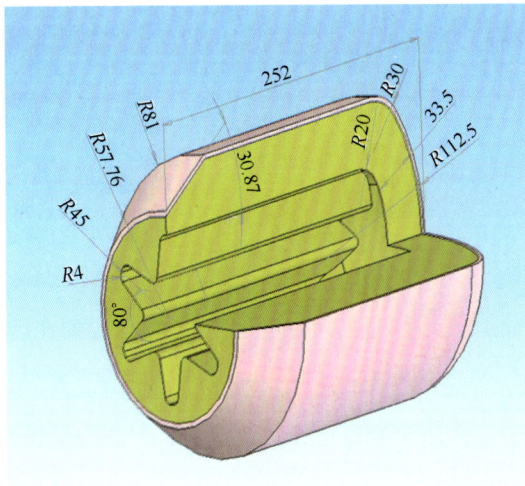

图6-7 星形药形参数

3. 弹道性能

1）推进剂性能

设计该发动机所用推进剂性能见表6-1。

表6-1 所用推进剂性能参数（+20℃）

主要性能	单位	续航级	发射级
推进剂比冲	N·s/kg	2100	2300
推进剂燃速	mm/s	40（4MPa）	40（15MPa）
压强温度敏感系数	%/℃	0.25	0.31
压强指数		0.25	0.3
推进剂密度	g/cm^3	1.68	1.68

2）主要弹道性能

该分立式组合装药发动机的主要弹道性能见表6-2。

表6-2　发动机主要性能参数

主要性能		单位	续航级	发射级
各级值	平均推力	kN	2.97	13.0
	推力冲量	kN·s	44.6	12.4
	燃烧时间	s	15.0	0.84
总值	总推力冲量	kN·s	57.0	
	总工作时间	s	18.0	

4. 推进效能

1）发动机质量比和冲量比

（1）各零部件质量计算结果见表6-3。

表6-3　发动机质量计算结果

序号	零件名称	材料	密度/(g/cm³)	质量/kg
1	续航级壳体	30crMnSiA	7.8	9.5
2	壳体隔热层	碳复合材料	1.8	0.92
3	中间体壳体	30crMnSiA	7.8	2.9
4	中间体壳体隔热层	碳复合材料	1.8	0.445
5	四个钼喷管	M01	14.2	0.9
6	四个定位套	20 号钢	7.8	0.149
7	四个防潮盖	铝	2.7	0.04
8	发射级壳体	30crMnSiA	7.8	2.32
9	发射级壳体隔热层	碳复合材料	1.8	0.25
10	发射级壳体后盖	30crMnSiA	7.8	1.87
11	后盖隔热层	碳复合材料	1.8	0.14
12	点火具	赛璐珞盒体	1.0	0.03
13	续航级装药	改性双基	1.68	21.2
14	发射级装药	改性双基	1.68	6.4
15	发动机总质量/kg		47	

（2）质量比。发动机质量比指药柱质量 W_p 与发动机总质量 Q_0 之比。

$$K_Q = W_p/Q_0 = 26/47 = 0.553$$

（3）冲量比。发动机冲量比指发动机总冲 I_0 与发动机总质量 Q_0 之比。

$$K_I = I_0/Q_0 = 57/47 = 1.213$$

2）设计分析

从发动机总体结构分析,分立式装药结构发动机,可以满足不同直径多推力发动机的设计要求,结构和性能设计更加灵活,如果导弹总体结构需要,可将发射级或续航级设计为不同口径的结构形式(见6.4.2节),不仅能实现双推力分立装药的结构形式,也能设计成多推力分立组合装药发动机。

从发动机弹道性能分析,所设计的弹道参数范围,可以达到或接近整体组合装药多推力发动机的水平;由于发动机具有结构紧凑和装填系数高等特点,其质量比和冲量比都较高。

6.4.2　次口径分立结构发动机

根据总体结构需要,也可以将燃烧室的后段设计成长细比较大的次口径燃烧室,将装药设计成短燃时大推力的发射级装药,以满足发射和壳体外布置导弹其他结构件的需要。

次口径多推力分立式组合装药发动机,是指发动机中间体连接燃烧室前后段的直径各不相同。一般前段发动机外径为最大直径,常与导弹直径相同;后段为小直径,这种发动机总体结构,可以使导弹的结构布局更为合理紧凑。发动机小口径外部,用于布置导弹的合适舱段,如仪器舱、舵机舱、抛撒舱等。三推力次口径分立结构发动机如图6-8所示。

1. 结构组成及特点

1）中间体组件

该发动机的核心结构件为中间体组件,是多种用途结构件,除了连接前后燃烧室壳体外,还用于安装斜置多喷管、点火具。通过中间体隔热密封和装填结构设计,实现对前后燃烧室内装药的缓冲、定位和结构密封。发动机中间体结构如图6-9所示。

设计中间体时,要考虑到发动机装配的安全和方便,常将可燃壳体点火具及点火导线、定位缓冲结构件等,均与中间体壳体组成整体组件,在旋转装配前后燃烧室壳体时,使点火具及其导线处于相对静止状态,以保证装配安全;将装药装入后完成与前后燃烧室的连接,即完成了发动机的装配,使装配工艺简单方便。

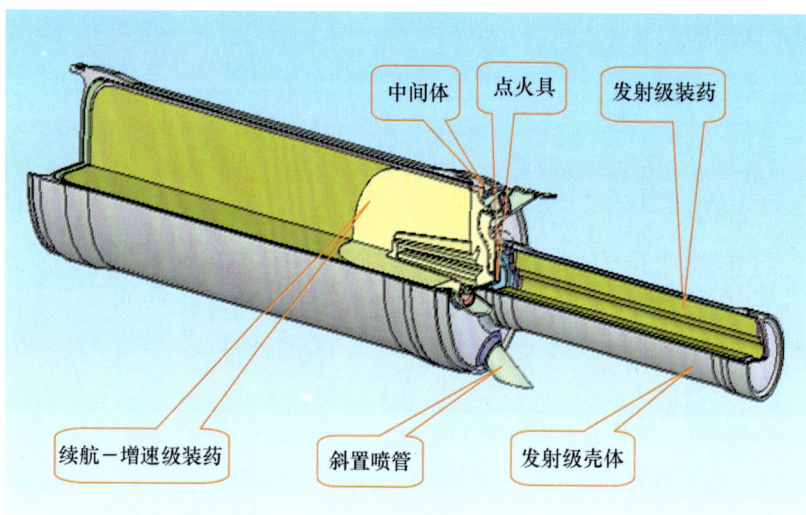

图 6-8　三级推力分立式组合装药发动机

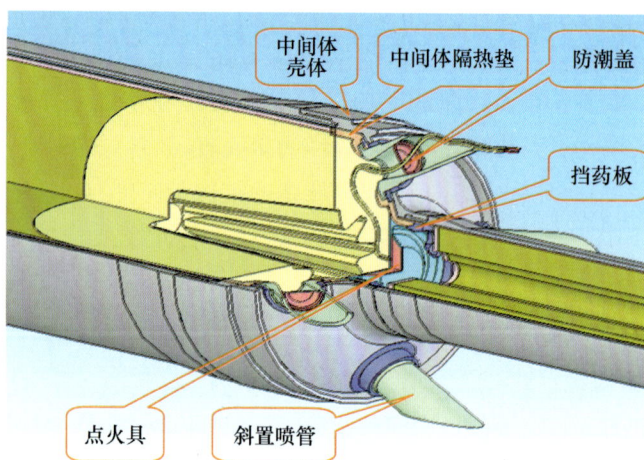

图 6-9　三级推力分立式发动机中间体结构

2）不同直径燃烧室

与导弹同直径的燃烧室内,一般装入续航级装药,或与续航级药柱连续燃烧的其他推力级的药形装药,利用其装药直径大的条件,可获得较高推力比的多推力装药设计;比导弹弹径小的燃烧室内,装入短燃时大推力装药,根据次口径燃烧室直径的大小,来设计满足弹道性能要求的药形。这级装药燃烧时,将与续航级或增速级药柱同时燃烧,其燃气反向流入喷管,由导弹中部斜向排出,提供导弹发射动力。

3）热防护与密封结构

与其他类型单室多推力发动机一样,由于其工作时间长,燃烧室压强变化大,燃烧室和中间体的隔热和密封设计十分重要,但对隔热密封材料选择、密封隔热结构设计等均与同口径多推力发动机相同。

2. 分立式装药

1）发射级装药

一般地,将发射级装药装在小直径燃烧室内,采用内外燃烧药形有利于实现短燃时大推力的发射参数,其药形可根据燃烧室直径大小和发射参数要求,采用不同的药形。如图6－10所示装药采用了内外燃的同心圆弧形药形,该药形即能实现恒面燃烧,又能利用最大圆弧尺寸实现对药柱径向的初始定位。

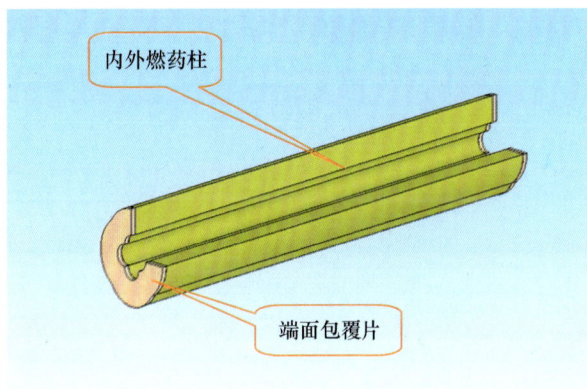

图6－10　分立式发射级装药

2）增速级和续航级装药

该装药的增速级药形采用锥形内孔燃烧的星形药形,通过采用不等燃层厚度的技术措施,使星边消失后的燃烧面按预计的燃烧面规律逐渐减小,从而减小压强在燃烧后段的爬升,以减小压强曲线的升压比。装药结构如图6－11所示。

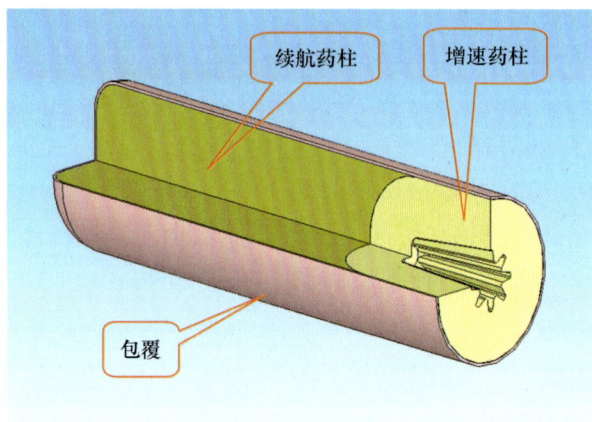

图 6 – 11　三级推力分立式发动机增速—续航级装药

Chapter 7

Key point of single chamber multi – thrust motors design

第 7 章　单室多推力发动机设计要点

在固体推进剂发动机的设计中,常需要设计一些具有特殊性能的发动机,为战术导弹或其他动力推进系统提供所需要的推进动力,以满足其战术需求。这些武器有的要求发动机结构性能独特,有的要求推进性能高效,有的则要求推进功能齐全等。这些具有独特性能的固体推进剂发动机,常常成为战术导弹或其他固体动力推进系统的首选。采用单室多推力固体推进剂发动机,与这些具有特殊性能的发动机一样,需要了解和掌握各自的设计特点、在结构和性能方面的优点,以及不可避免的缺点和使用上的局限性。这对更好满足导弹或其他动力推进系统总体要求,选择更合适的动力推进形式十分重要。

7.1　组合装药设计要点

多推力组合装药设计,一种是着眼于如何设计能满足不同功能要求的多级推力方案,以满足多种推进动力要求为最终目标;另一种是通过高装填密度装药设计,在满足多级推力方案推进动力要求前提下,还要使各级装药都能有足够的装药量,采用这种高装填密度装药设计,来保证各级推力段都有最大的推力冲量,为实现导弹飞行速度高、射程远提供所需的能量。由于上述这两种装药设计要实现的最终目标不同,设计思路和方法也有所不同。一是注重功能设计,二是注重性能设计。

7.1.1　多级推力组合装药功能设计

设计这种多推力组合装药,主要着眼于使各级推力和装药燃烧时间满足导弹相应飞行段的功能要求,以四推力组合装药为例,发射时要满足短燃时和大推力的发射动力要求,增速飞行段满足增加导弹飞行速度的要求,续航飞行段满足续航动力需要,而加速段则为导弹飞行末段加速飞行提供动力,均以完成导弹各飞行段的动力需求为目的。在第 4 章中双推力～四推力组合装药发动机设计,给出了多种功能设计的实例。

7.1.2　高装填密度组合装药性能设计

高装填密度组合装药设计除了能实现上述功能以外,从推进剂的选择和组合药形设计上,主要是注重怎样为导弹远程高速飞行提供动力。这虽然在设计方法和所采用的工程计算公式等都与功能设计相同,但在选择推进剂性能和确定具体药形时,需采取相应的设计技术。详见第 4 章远程高速导弹多推力组合装药设计。

1. 续航级推进剂的选用

（1）在已定的导弹直径范围内,要选择的推进剂在低压强下燃速要高。因为组合装药的续航级常采用端燃面的实心药柱,用高燃速推进剂,可以弥补端面燃烧面积小使燃烧室压强过低的问题。

（2）这种续航级低压下使用的推进剂,其燃烧稳定性要好。因为装药续航级要在低压下长时间工作,保证装药长时间稳定燃烧,不发生断续燃烧,燃烧规律异常等,是选择和使用这种推进剂的关键。以应用于导弹型号的改性双基推进剂而言,推进剂的临界压强已达到1MPa,为这种多推力组合装药设计提供了很好的条件。

（3）所选续航级推进剂在低压强下工作时,其能量发挥要充分。目前使用的改性双基推进剂,在 3MPa ~ 4MPa 下,比冲可达到 2200N · s/kg ~ 2300N · s/kg,已能初步满足设计需要。

选择具有适应低压下高性能的推进剂成形续航级药柱,利用其燃速大、比冲高的特性,可以弥补续航级端燃药柱燃烧面积较小,而引起的推力小或压强过低的问题。能有效增加最大推力比,同时可大大增加发射和增速两级的装药量。而这两级的装药量越大,总冲值越高,导弹在增速飞行段末端所获得的最大速度也越大,当续航级装药能长期稳定的为导弹飞行提供动力时,所保持的导弹飞行速度越大,保持的时间越长,在动力飞行段末端导弹具有的飞行速度就越高,射程越远。所以,选择上述高性能的续航级推进剂,不仅是设计多功能多推力组合装药的需要,也是远程高速导弹单室多推力组合装药设计的需要。

2. 两级共用推进剂的选用

单室三推力和四推力组合装药,发射和增速两级常采用一种推进剂,而续航和加速级也常采用一种推进剂,要恰当选择共用的推进剂。

1）选择具有较宽范围燃烧性能的推进剂

单室多推力装药是采用不同性能推进剂和不同药形组合而成,发射和增速两级在高压强下工作,并具有不同的压强;而续航和加速级装药,要在较低压强下工作,两级的压强也不相同,这就要求所用推进剂具有宽范围的燃烧特性,才能分别适应不同压强下推进剂燃烧稳定性的要求。这里所述宽范围的燃烧特性,主要是指在较大压强范围内,压强指数要低,燃速可调范围大,燃烧性能要稳定。

在装药发射级已能满足设计要求时,通过恰当设计增速级燃烧面积的大小,调整增速级药形的长度,就可利用同一推进剂在低于发射级压强下的实际燃速,设计出满足弹道参数要求的增速级药柱。

现已应用的三推力组合装药,其发射和增速两级的压强范围为 12MPa ~ 20MPa,所用的推进剂燃速随压强的变化平缓,其压强指数小于 0.3,随温度变化的压强散布也小,其压强温度敏感系数小于 $0.35\%/℃$;该推进剂的燃速数据见表 4 – 2,燃速随压强的变化曲线如图 4 – 10 所示。适合低压下工作的续航、加速级推进剂也在使用,其性能详见四推力装药设计实例中所用的推进剂。这种具有宽范围燃烧特性的推进剂,为多推力组合装药的应用奠定了很好的技术基础。

2)选择高压高燃速推进剂

当发射和增速级选择高压下具有较高燃速的推进剂时,可设计出的两级装药,在一定的燃烧时间内,能加大这两级侧面燃烧药形的燃层厚度,使两级推进剂质量增大,推力冲量也随之增加。在发射和增速两级,采用这种高装填密度装药性能设计,同样可实现导弹飞行到增速段末端时,达到较高的飞行速度。这是在续航级选用低压高燃速推进剂可有效增加发射和增速级推进剂质量外,又一增加这两级推进剂质量的技术措施。其目的也是为导弹远程高速飞行提供有效的推进动力。

3)选择高能推进剂

在进行高装填密度设计的同时,多推力组合装药所选用的推进剂还要有较高的能量特性。推进剂的实测比冲越高,推进剂密度越大,组合装药的交付比冲越大,推进效能也越高,为导弹飞行提供的推进动力越强,这也是多推力组合装药设计所追求的。

3. 两级间过渡药形设计

在三级推力组合装药设计中,发射和增速两级常采用不同的药形或药形参数,在四级推力组合装药或在带加速级的三级推力组合装药中,续航级和加速级也采用不同的药形。其装药药形设计和成形工艺选择,要便于不同燃面燃烧时平稳过渡,从而保证装药稳定可靠的工作。

1)两级间药形参数的调整

从第 4 章双星孔三推力药形设计实例中可以看出,两级使用同种推进剂,分别要在燃烧室压强为 16 MPa 和 12 MPa 下工作,推进剂的燃速和实际比冲都会不同,这就要根据两级弹道性能参数要求,调整两级药形参数,通过对两级星孔的深度的协调,在两级推进剂燃速和实际比冲出现不同的条件下,按照推进剂燃速实测结果进行调整,使其满足两级推力和燃烧时间要求。

对于四推力组合装药中,续航级和加速级也有同样的情况,也要通过药形和推进剂实测数值的调整来完成设计。

2）四推力装药续航级向加速级药形的形面过渡

为保证加速级具有较大的推力,除了选用低压下具有较高燃速来保证加速级高推力以外,也常将加速级药形设计成侧面燃烧药形。但这种装药由端面燃烧的续航级过渡到侧面燃烧的加速级前,特别到续航级燃烧面将要燃烧完时,续航级端面燃层厚度越来越薄,如果加速级侧面燃烧药形的初始内孔截面积过大,在续航级燃烧室压强作用下,则容易出现续航级端面燃层垮塌或碎裂的问题,轻者造成过渡段压强曲线异常或不规则,重者会引起装药工作的可靠性和安全性问题。因此,加速级药形的设计一定要使初始燃烧时的截面积尽量小,以保证在最短的过渡燃烧时间内很快就达到燃烧室压强平衡。四推力装药的研究试验表明,加速级采用锥形圆孔、窄槽形孔等过渡药形,因初始截面可实现逐步由小变大,是较为合适的过渡药形。

3）防止二次浇铸中加速级药形的变形

如前文所述,四推力组合药柱的成形,是先浇铸成续航和加速级毛坯药柱后,再第二次浇铸发射和增速级药柱,工艺温度会使已成形的续航和加速级药柱软化,引起加速级侧面药形的形变。工艺实施中,要采取相应的工艺措施,来防止二次浇铸时加速级侧面燃烧药形的变形。通过工艺和试验研究,采用浇铸模筒定位盘结构固定加速级模芯,在续航和加速级毛坯药柱脱模后,加速级模芯暂不脱出,在第二次浇铸中,加速级模芯就起到了防止变形的作用。试验证明这项工艺措施起到了较好的效果。

4）两级药形界面尺寸的控制

在组合药柱成形中,要通过两次浇铸和固化工艺来成形组合药柱。双推力的发射级,或二推力、四推力的发射和增速级推进剂组合药柱,是通过第二次浇铸,成形在续航级(双或三推力)或续航和加速级(四推力)毛坯药柱药柱特定端面处,形成整体组合药柱。在组合药柱第二次浇铸和固化过程中,已成形的续航级药柱在工艺温度下,会产生熔胀。这种熔胀会改变组合药柱界面的设计尺寸,需要通过工艺摸索,确定熔胀量,在二次浇铸成形中,对药模的安装和定位予以控制。

5）增速级高压向续航级低压的燃烧过渡

在双推力和三推力组合装药烧过程中，由发射级高压向续航级低压过渡时，或增速级高压向续航级低压过渡阶段，如果各级推进剂分别按各自的燃烧界面燃烧，则会引起续航级推进剂不能及时起燃，在续航级压强曲线的初始段出现下凹的问题。特别在续航级压强小和两级压强差较大的情况下，下凹现象更为明显。为解决这一问题，在这两级药形形面过渡时，要将前一级形面设计成两级推进剂混燃的燃烧条件，即在前一级推进剂燃烧结束前，就使续航级局部燃烧面的推进剂参与燃烧，虽然在两级过渡段推进剂混合燃烧的模型较为复杂，但可解决续航级推进剂起燃缓慢的问题。已定型的双推力和三推力组合装药设计，都延续了这种设计，获得了较好的效果。

7.1.3　组合装药设计的局限性

1. 组合装药直径的选择范围

多推力组合装药大多采用端面燃烧的药柱作为续航级药柱。若发动机装药直径较小，如装药直径在100mm以下时，由于药柱端燃面积较小，则需要很高燃速的推进剂与之相匹配，才能满足一般多推力组合装药的设计要求。例如，60mm直径的组合装药，其端面燃烧面积小于$30cm^2$，在压强2MPa～3MPa范围使用时，推进剂要达到60mm/s～80mm/s的燃速，续航级推进剂才能正常燃烧，而推力的量值和推力比也很小，对这种药柱直径小、续航级需长时间工作的端面燃烧组合装药，很难满足一般多推力弹道参数要求。因此，目前使用的低压高燃速推进剂，还满足不了这种小直径的装药设计要求，使组合装药的设计也受到装药直径的限制。

2. 组合装药推力比的限制

如前文所述，多推力装药的续航级要在低压强下工作，多采用实心端燃药柱，在端燃面积较小，受低压下续航推进剂燃速的限制，发射级的推力值也只能按照可能实现的最大推力比来设计。按目前推进剂的性能，最大推力比在18～20范围，可见，与多发动机组合的动力推进系统相比，单室多推力发射级的最大推力，因受到推力比的限制，不能像同直径分立式发射发动机那样，设计出初始推力很高的发射动力。

7.2　发动机弹道性能参数适用范围

7.2.1　续航级性能参数范围

一般地,导弹续航飞行时,其飞行动力仅用作克服导弹自身质量和飞行阻力,所需推力较小。续航级药柱常采用能长时间工作的实心端燃药柱,以其小燃面和足够的推进剂燃速,就可以满足续航级推力参数要求。但由于受到续航级低压工作条件的限制,推进剂燃速都较低,加上端燃面燃烧的燃烧面积小,续航级药柱所能提供的平均推力也较小,特别对直径较小的多推力发动机,其续航能提供的推力是有限的,这是需要发动机总体确定推力方案时要加以考虑的问题。

7.2.2　发射级的最大推力冲量

在以多推力发动机的第一级作为导弹发射动力时,常需要较大的初始推力冲量,以保证导弹发射具有较大初速。当初始推力过大时,在发射级燃烧室压强已达到许用值的上限之后,发动机的喷管喉部面积即被确定,若发射级推力所确定的喷喉面积过大时,会引起续航级压强无法形成正常工作时需要的最小压强,即低于续航级推进剂的临界压强。所以在选择和确定续航和发射两级性能参数范围时,要充分考虑两级推进剂所能达到的性能,所确定的发射级燃烧室压强不能超过发射级推进剂适用压强的上限;所确定的续航级压强需大于所选推进剂临界压强。当选定这两级推进剂后,多推力组合装药发动机的弹道性能参数适用范围也就确定了。从这种意义上说,单室多推力发动机与多发动机相组合的动力系统相比,弹道参数的适用和调整范围较小。发动机和装药设计都存在局限性。

7.2.3　各级弹道参数的可调范围

在确定发射和续航两级弹道性能参数后,增速和加速这两级处于中间量值的性能参数,需根据这两级弹道性能参数要求,通过调整药形来满足。因为在增速与发射两级共用推进剂,加速和续航两级共用推进剂的情况下,两种推进剂的性能已被发射和续航两级的弹道参数限定,所以这两级的弹道性能只能通过调整药形参数来实现。

由上文所述,发射和续航两级弹道参数确定后,其余两级或一级的弹道参数可调范围也是确定的。

7.3 单室多推力发动机的缺点

除了上述组合装药设计的局限性以外,单室多推力发动机还存在一些缺点,这些缺点也在一定程度上降低了发动机的结构性能。

7.3.1 燃烧室壳体设计强度不能充分发挥

本章所述单室多推力发动机,是将不同药形和不同性能推进剂的组合装药装在单一燃烧室内,各级药柱燃烧所产生的燃气,是通过不变喷喉面积的共用喷管排出,并产生不同的推力。在装药工作过程中,不同推力的各级之间,燃烧室的压强也不同,推力比越大,不同级间的压强差越大。

在发动机强度设计中,发动机壳体及连接部位所承受的载荷,要按最大压强计算,如设计的燃烧室壳体和前、后封头的壁厚,螺纹连接的长度,法兰连接的连接螺栓数目等,其强度都要满足最大压强的要求,壁厚尺寸大,质量也重。显然,在压强较小的续航级工作时段,这些部位的强度裕度较大,与单级推力发动机相比,设计的结构强度不能充分发挥。

7.3.2 续航级低压下喷管效率低

1. 推力系数低

喷管效率是指实际推力系数与理论推力系数之比。由于续航级燃烧室压强低,喷管出口压强与燃烧室压强之比增加,推力系数减小。其推力系数公式为

$$C_F = \Gamma \cdot \left\{ [2k/(k-1)] \cdot [1 - (P_e/P_c)^{((k-1)/k)}] \right\}^{0.5} +$$

$$A_e/A_t \cdot (P_e/P_c - P_a/P_c)$$

$$\Gamma = k^{0.5} \cdot [2/(k+1)]^{(k+1)/2 \cdot (k-1)}$$

式中:C_F 为推力系数;A_t 为喷喉截面积;P_c 为燃烧室平均压强;Γ 为气体常数;k 为推进剂比热比;A_e 为喷管出口面积;P_e 为喷管出口压强;P_a 为环境大气压强。

从推力系数公式中不难看出,随 P_e/P_c 增加,推力系数减少的份额较大,引起推力系数减小。

2. 喷管消极质量大

单室多推力发动机采用多级装药共用不变喷喉面积的喷管,喷管喷胀比的

大小需要兼顾各级压强比来确定,由于高推力级与续航小推力级的压强比相差较大,设计上,对喷管的工作状态选择,常将高推力级喷管工作状态设计为欠膨胀状态,续航级喷管处在过膨胀状态。当推力比较大时,由于续航级过扩张比过大,$P_e < P_a$,而使弹体底部波阻增加;结构上使喷管扩张段过长,这就必然造成续航工作时段,喷管效率变低,消极质量增加。发动机直径大的喷管,对喷管效率的影响更为明显。这是单级推力发动机不会出现的。

7.3.3 续航级低压下结束工作时的后燃时间长

续航级结束工作的单室多推力发动机,也是由于续航级燃烧室压强低,工作结束后排气段的压强更低,余药和包覆的燃烧不充分,会引起排气时间长,余药等可燃物质燃烧的火焰排留时间也较长,出现所谓后燃现象。这在以较高压强结束的单推力发动机也不会出现的。这一缺点将对导弹控制信号的传输造成影响。

7.3.4 斜置斜切喷管排气羽流的偏斜

如第1章发动机总体设计中所述,在导弹总体结构布局中,为减少发动机装药燃烧后引起导弹质心的位移量,常将发动机布置在导弹的中部,对此,有的发动机装药燃烧的燃气需由斜置斜切多喷管从导弹侧面排出,以满足导弹结构布局需要。

对这种布局的单室多推力发动机而言,因各不同推力级的装药燃烧,是通过共用的喷管排出燃气,在发射级和续航级燃烧室压强相差较大的情况下,喷管扩张段形面和扩张比的设计需能兼顾这两级的工作状态,为使这种斜切喷管更好发挥其综合的喷管效率,所确定的喷管出口形面和尺寸,在发射级工作时,要能使喷管处于欠膨胀工作状态,续航级工作时,喷管处于过膨胀工作状态。试验证明这种喷管设计,喷管的效率较高。

根据喷管中燃气流动理论分析和计算,这种斜置斜切喷管所排出燃气羽流的方向会产生偏斜:在发射级、增速级喷管处欠膨胀工作状态下,排出的燃气羽流会相对喷管轴向外偏斜,使燃气流远离弹体;而续航级工作时,喷管处过膨胀工作状态,排出的燃气羽流会相对喷管轴向弹体方向偏斜,使燃气流靠近弹体。计算和测试结果表明,对于发射级与续航级燃烧室压强比在 5~8 时,续航级燃气羽流向内偏斜的角度约为 2°~3°。

由于续航级工作时间长,燃烧室压强较低,这种靠近弹体的燃气流会对弹体表面上布设的导线、喷管近处的舱体内部件、导弹舱翼等,产生烧蚀或造成热影响,需要采取必要的热防护措施。

7.4　多推力组合装药与单推力组合装药的差异

7.4.1　单推力组合装药

在固体推进剂单级推力发动机设计中,由于要满足高装填密度的要求,也常采取组合装药的设计形式,特别对于长细比较大的发动机,为使装药的通气参量设计在推进剂临界通气参量以下,降低装药燃烧初期的压强峰值,有的采用两截装药相组合。这两截装药,或采用不同的药形,选择相同燃烧性能的推进剂;或采用不同药形,选用不同性能的推进剂,经装药相关性设计,使组合装药的燃烧面积随燃层厚度的变化,与所选推进剂燃速随压强的变化具有很好的相关性,装药燃烧所形成压强随时间的变化曲线,满足总体提出的推力方案要求。这种单级推力组合装药,可以实现高装填密度装药设计,能有效增加发动机的装药质量,提高其推进效能,已有多种型号导弹及火箭产品应用。

1. 不同药形与相同推进剂组合装药

这种单推力组合装药与多推力组合装药的最大差异在于,前者要通过装药药形设计和相关性设计,以单级推力的推进动力满足总体推力方案要求,而多推力组合装药则要满足多推力的动力推进要求。

1) 长细比大的单级推力组合装药

在装药直径较小或装药长度较大的发动机设计中,采用两截药柱组合装药设计,对于减小通气参量,降低装药燃烧初始压强峰值,能起到较好的效果。图7-1所示的两截药柱组合装药,可以说明这种组合装药设计的一种思路。

该装药采用两截药柱组合装药设计,组合装药长度为720mm,长细比为11.8。前一截药柱为管状内孔燃烧药柱,外径为61mm,内径为20mm,长度为350mm;后段为三个斜槽形药柱,长度为370mm,药形参数如图7-2所示。包覆层厚度:1.5mm。

燃面随燃层厚度变化逐点数据、压强和推力随燃烧时间变化的逐点数据如表7-1所列,压强曲线如图7-4所示。

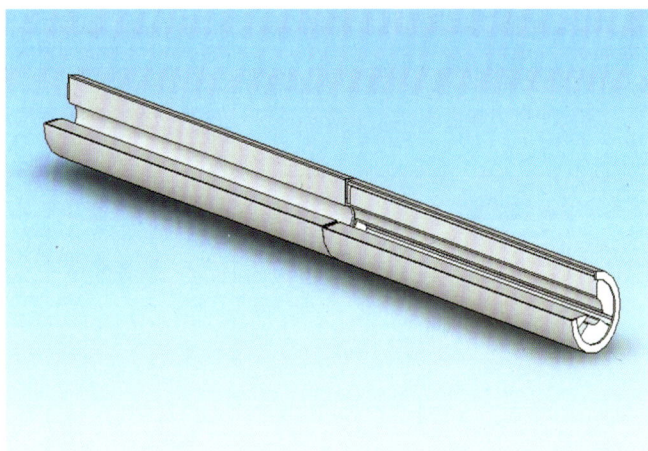

图7 – 1　两截不同药形组合的单级推力装药

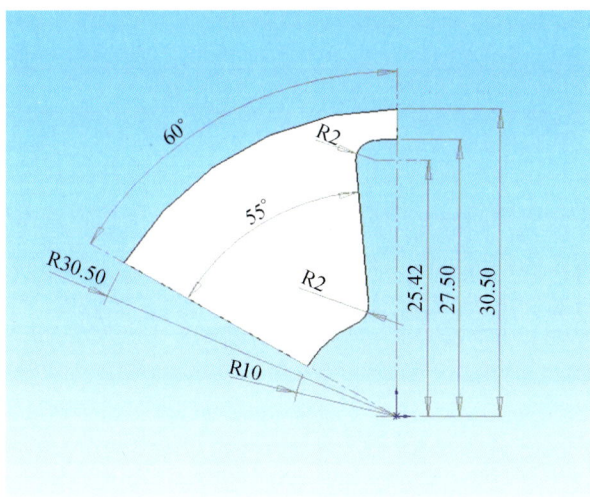

图7 – 2　两截药柱槽形药形参数

表7 – 1　燃烧面—推力—压强逐点数据

燃烧时间/s	逐点燃烧面/cm²	燃速数据/(cm/s)	压强数据/MPa	推力数据/kN
0			0	0
0.03	816.77	3.19	14.84	9.9
0.06	862.02	3.22	15.82	10.55
0.09	907.26	3.26	16.86	11.24

（续）

燃烧时间/s	逐点燃烧面/cm²	燃速数据/（cm/s）	压强数据/MPa	推力数据/kN
0.12	849.79	3.22	15.6	10.4
0.15	842.86	3.21	15.42	10.28
0.18	842.31	3.21	15.41	10.28
0.24	844.7	3.21	15.46	10.31
0.3	846.98	3.22	15.53	10.36
0.36	847.45	3.22	15.52	10.35
0.42	845.52	3.21	15.48	10.33
0.48	840.8	3.21	15.38	10.26
0.51	836.84	3.21	15.28	10.19
0.54	831.61	3.2	15.18	10.12
0.57	825.01	3.2	15.04	10.03
0.6	816.88	3.19	14.86	9.91
0.63	0	0	0	0

从计算结果和压强曲线的变化可以看出,内孔燃烧两截药柱组合装药结构,由于内燃管形药柱的燃面变化为增面变化,后端槽形药柱为减面变化,总燃烧面积随燃层厚度的变化则接近恒面,其平直性较好。其组合药柱的燃烧面积随燃层厚度的变化曲线如图 7-3 所示。

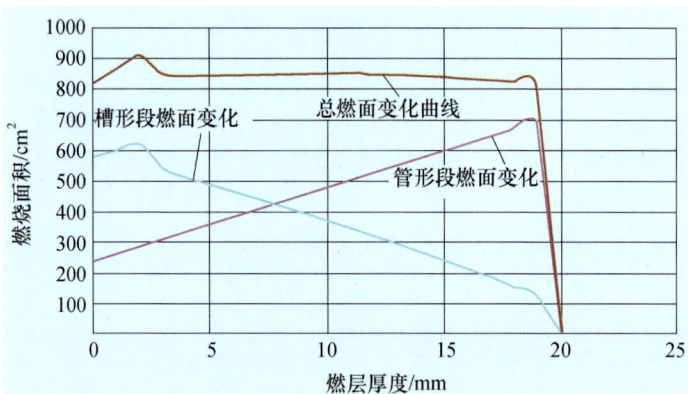

图 7-3　两截药柱组合药柱燃烧面变化曲线

在两截药柱组合装药设计中,采用初始燃烧面积小的内燃药形,大大降低了初始燃烧面积,从而使由于通气参量过大,产生侵蚀燃烧所引起的压强,与较小的初始燃烧所生成的初始压强相叠加,使初始压强降低,避免由于装药长细过大,通气参量超过推进剂临界通气参量,引起初始压强峰值过大的问题。

经对该装药内弹道计算,在考虑了侵蚀燃烧的条件下,其初始压强峰值也能满足设计要求。压强曲线如图7-4所示。

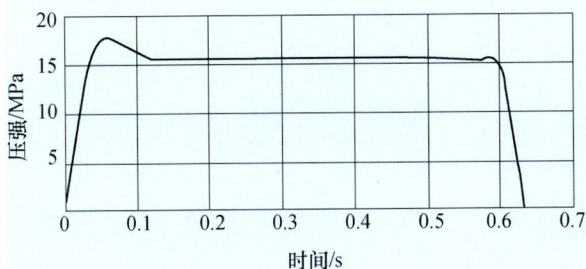

图7-4   两截药柱组合装药压强曲线

2) 高装填密度单级推力组合装药

组合装药也在高装填密度单级推力发动机设计中应用。当在有限的发动机燃烧室容积内,要求发动机提供较大推力冲量时,增加装药质量是最重要的技术措施之一。设计这种发动机装药,就要通过设计合适的高装填密度药形,选用不同燃烧性能的推进剂来实现。

高装填密度装药,也是因为装药装填系数高,燃气通道通气面积小,燃气流速高而引起侵蚀燃烧,产生初始压强峰值过大而不能满足发动机设计要求,需要采取有效的技术措施加以解决,也可采用不同药形和不同推进剂燃速相组合的装药形式,使其既能达到降低初始压强峰值的效果,又能满足增加装药质量的要求。图7-5所示的组合装药,就是按照这种设计思路设计的单级推力组合装药发动机装药。

该装药需满足某发动机装药主要弹道参数要求:推力冲量大于860.0kN·s,燃烧时间为5s~6.0s,初始压强(最大压强)小于15MPa;发动机燃烧室内径为300mm,发动机长度小于4000mm。现以设计实例说明该发动机采用的组合装药技术,并给出该装药发动机可达到的性能。

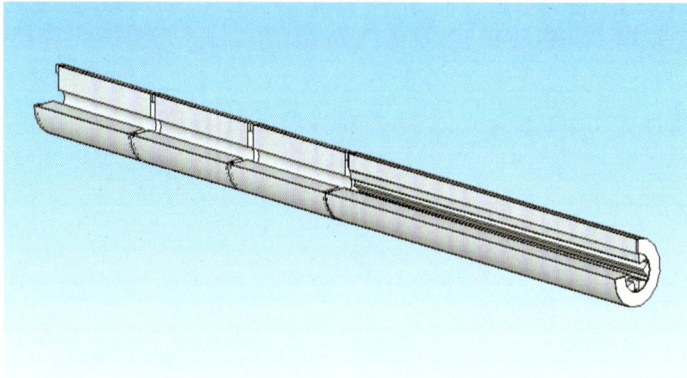

图 7 - 5　高装填密度单级推力组合装药

该发动机对装药推力冲量要求较大,在有限的燃烧室容腔内,要尽量增加装药质量,才能满足该发动机的弹道性能要求。对此采取以下组合装药设计技术:

(1) 设计小的初始燃烧面积。在装药结构设计时,采用两段药柱结构的组合装药。前段装药设计成三节装药,按管形内孔燃面和环槽形端面燃烧,初始燃烧面积小,并利用环槽形端面减面特性与内孔增面特性相互弥补,可使燃烧面积随燃层厚度的变化平缓;后段药柱装药采用锥形星孔药形,并选择星边消失前恒面变化的药形参数,一方面,避免初始燃烧面有过大的峰值,另一方面,星边消失后,在燃烧面积推移的过程中,锥形燃面将逐渐减小,从而抵消星孔药形药柱燃烧到星边消失后,燃烧面积的增加。经合理设计和选择推进剂的燃烧性能,就可设计出燃烧室初始压强小,压强随时间的变化不出现过大压强波动的组合装药药形。

尽管装药初始燃烧面积不是最大燃烧面积,燃烧面积随燃层厚度变化也较平缓,但过高的初始通气参量将引起较大的初始压强峰值,这是由于燃气流动过大的流速使推进剂燃速迅速增加所引起,如不采取合适的药形设计,这种侵蚀燃烧效应会产生较大的初始压强峰值,对发动机的承载和装药的正常燃烧造成较大的威胁。

设计装药药形时,初始燃烧面积要小,使生成的初始压强较小,并将其设计成低于燃烧室设计压强。另外,该组合药形在装药初始燃烧期间,由管形内孔燃面燃烧生成的轴向流动的燃气流,受到环槽端面燃烧生成的径向流动燃气流作用,除了能起到对深孔药柱燃气流动中的声阻尼作用,使装药燃烧稳定以外,还能减缓装药内通道的燃气流速,可降低侵蚀燃烧引起的压强增量。若使这一小的压强增量,与较小的初始燃烧面积生成的初始压强相叠加,就可达到降低或消除初始压强的峰值。

在高装填密度组合装药设计中,以初始压强小于燃烧室设计压强的合适压强值,与侵蚀燃烧生成的压强叠加后,可形成较小的初始压强峰值,这也是高装填密度装药设计的重要技术措施。

(2) 设计大燃层厚的锥形星孔药形。为增加装药量,常采用大燃层厚的星孔药形。但当这种星孔药形的星边消失后,会随着燃层厚度增加,燃烧面积也随着增加,燃烧到终燃面时,燃烧面积达到最大值。采用锥形内孔药形,一方面可降低由于燃烧面积逐步增加所引起的增面比,消除或降低由于燃面增加而引起压强随时间变化曲线的上翘问题,从而减小装药燃终时的最大压强;另一方面,也增大了靠近装药后端的通气面积,减少燃气流动的通气参量,也有利于减少初始压强峰值。

根据装药设计和燃面变化的需要,在贴壁浇铸药柱后端,设计自由悬空的外锥面药形结构,如图 4 – 44 所示的结构。可防止药柱由固化收缩引起的药柱后端被撕裂或脱粘,保证贴壁浇铸装药工作可靠,同样能起到降低装药燃终时最大压强的效果。

(3) 对不同燃层厚度药柱选用不同燃速的推进剂。将两段装药设计成不同燃层厚度,主要是指将前一段环形内孔装药,设计成通气面积较小、燃层厚度大的装药。在满足推进剂总通气参量要求的条件下,尽量增加其燃层厚度,以最大限度地增加装药量;对后一段装药,根据内孔燃烧药形和推进剂通气参量的限制,选择锥形星孔药形,在满足弹道性能要求的条件下,也要尽量增大其燃层厚度。对两段药柱燃层厚度差,可通过选择不同燃速的推进剂,燃层厚度大的环形内孔药柱,选择燃速高的推进剂,燃层厚度较小的锥形星孔药柱,选择燃速较低的推进剂,以保证两段不同燃层厚度的药柱同时燃完。只要所选推进剂在适用压强范围内,其燃烧性能的一致性满足设计要求,在同一燃烧室内,实现不同燃层厚的药柱同时燃完是可行的。这对增加前一段环形内孔药柱的质量是较有效的设计措施。

采用上述高装填密度单级推力组合装药设计技术,能很好满足设计要求。将单级推力组合装药设计计算结果列在表 7 – 2 中,其分层燃烧图如图 7 – 6 所示。

表 7 - 2　单级推力组合装药结构参数

药形参数	管形内孔(单节)	锥形星孔	整体药柱
装药外径/mm	290	290	290
药柱外径/mm	284	284	284
药柱内径/mm	80	76	
药柱长度/mm	600	1850	3800
初始燃面/mm^2	1570.2 ×3	11986.3	16696.9
平均燃面/mm^2	3457.1 ×3	12375.3	22746.6
药柱质量/kg	60.2 ×3	170.5	351.1

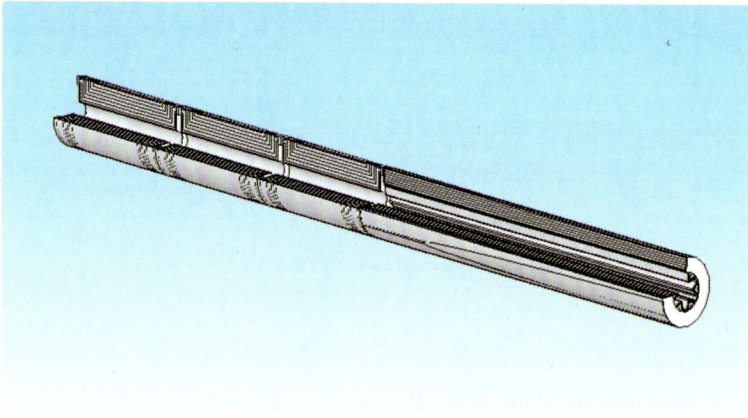

图 7 - 6　分层燃烧整体单级推力组合装药

　　燃烧室压强随时间变化的逐点数据如表 7 - 3 所列,内弹道曲线如图 7 - 7 所示。

表 7 - 3　压强随时间变化逐点数据

燃烧时间/s	无侵蚀压强/MPa	有侵蚀压强/MPa
0	7.572	11.055
0.264	8.299	12.034
0.520	9.555	13.380
0.828	11.673	13.011
1.564	13.376	13.230

（续）

燃烧时间/s	无侵蚀压强/MPa	有侵蚀压强/MPa
2.301	13.230	13.230
3.012	14.448	14.448
3.759	14.897	14.897
4.520	11.901	11.901
5.290	11.207	11.207

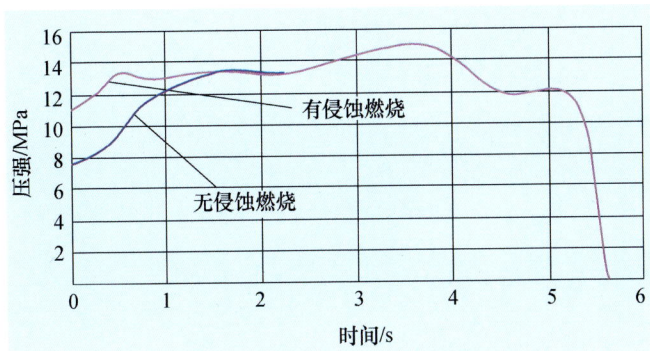

图 7 – 7　侵蚀燃烧的压强曲线

经组合装药性能计算,该组合装药满足其弹道性能要求。

7.4.2　组合装药的应用

上述设计实例说明,不同药形和不同燃烧性能推进剂相组合,不仅能设计成单室多级推力的组合装药,也可以设计成单室单级推力的组合装药,包括整体组合装药或分立结构的组合装药,都可用来改善发动机的结构性能,实现多种推进功能,提高发动机的综合性能。随着固体推进剂发动机设计技术的发展,这些组合装药技术也逐渐得到了广泛的应用。

不论是单室单级推力组合装药,还是单室多级推力组合装药,为达到最好的推进效能,常采用不同性能推进剂与不同或相同燃层厚度的药形相组合,这种组合装药在燃烧时,会出现不同性能推进剂混合燃烧的问题。虽然在设计计算中,可根据不同推进剂各自的性能和不同燃烧面积,采用三维分层作图的方法进行计算,但与不出现混合燃烧的装药计算相比,计算较复杂。计算中所作的一些假设,与装药燃烧的实际状况存在差别,计算结果误差较大。应用时,还需通过对这种装药的试验加以验证。有的会引起较大的设计更改。

对这种不同推进剂和不同药形相组合的装药形式,虽然解决了一些工程应用问题,使发动机的推进效能有明显提高,但对于不同推进剂在等压强和变压强条件下的混合燃烧机理还有待研究,在这种组合装药的设计计算中,期待有更科学的设计计算方法,以解决不同性能推进剂组合装药燃烧的性能分析和设计计算问题。

附　录

附录1　单室多推力固体推进剂发动机结构

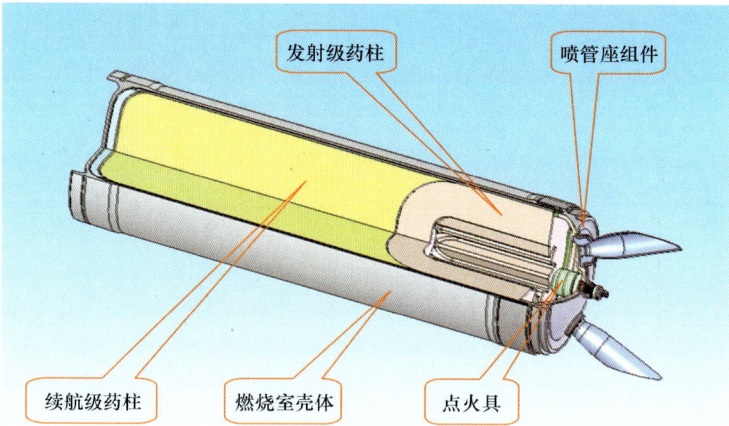

附图 1－1　星形—端燃药形双推力发动机

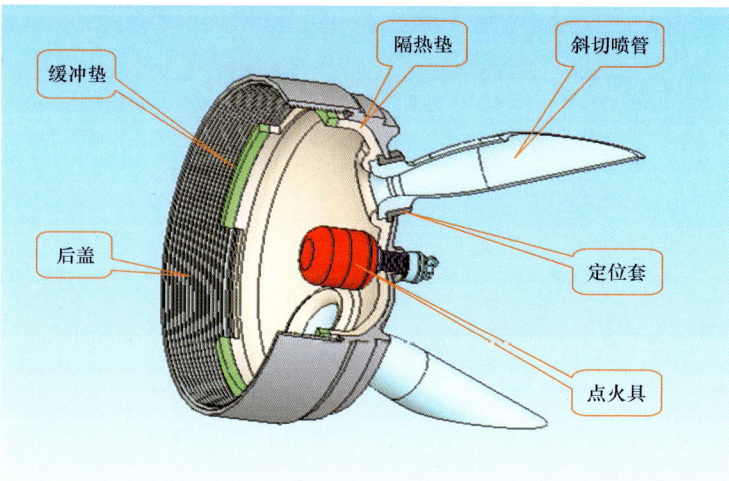

附图 1－2　星形—端燃药形喷管座组件

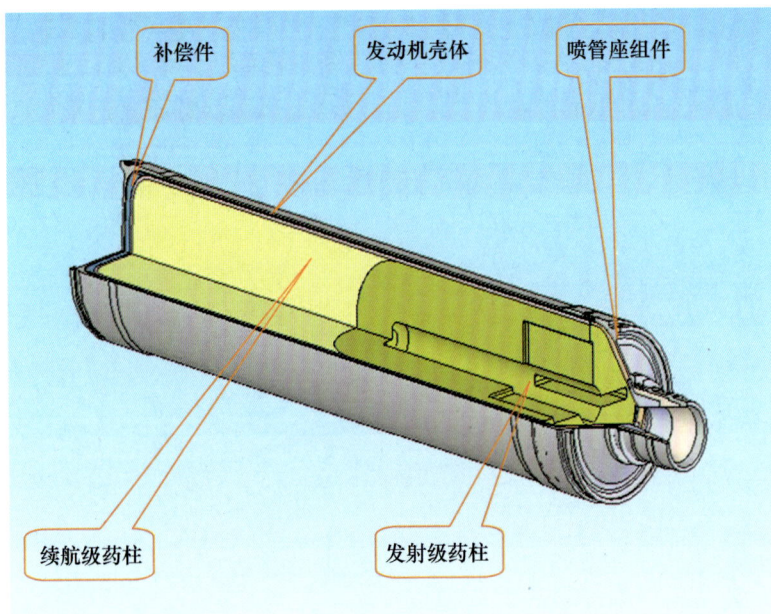

附图 1-3　管槽—端燃药形双推力发动机

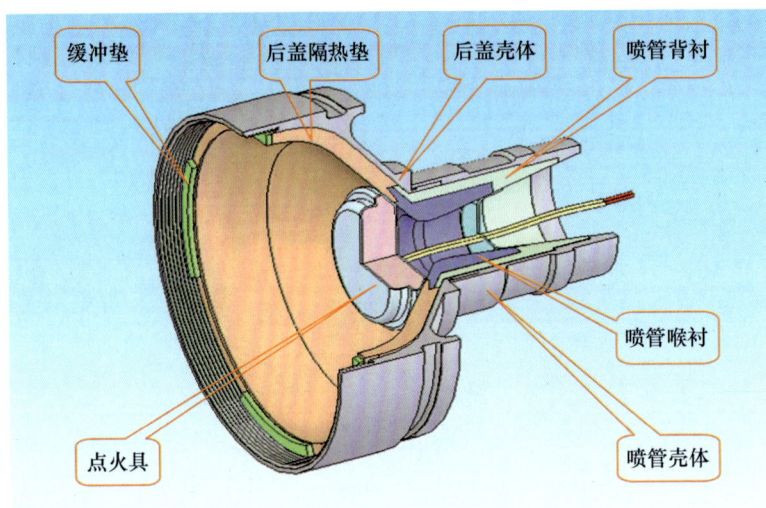

附图 1-4　管槽—端燃药形双推力发动机后盖组件

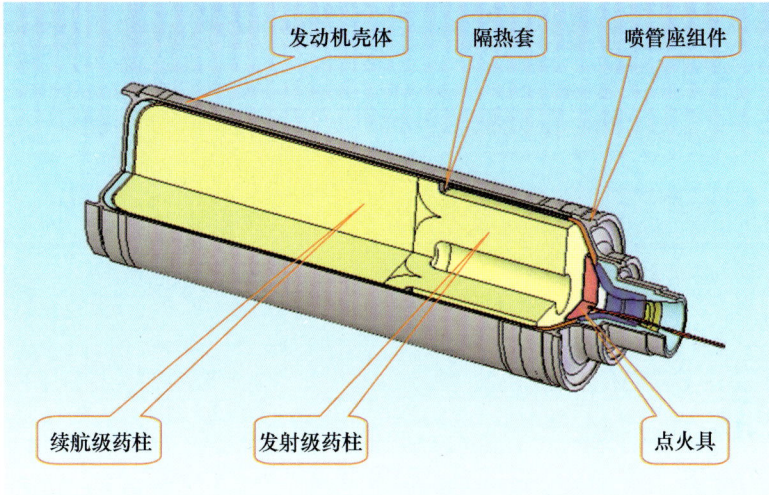

发动机壳体　隔热套　喷管座组件

续航级药柱　发射级药柱　点火具

附图 1 – 5　内外燃管形—端燃药形双推力发动机

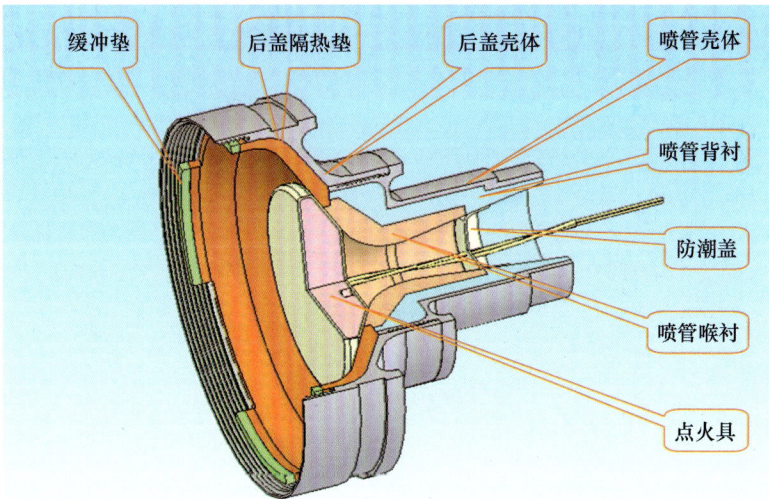

缓冲垫　后盖隔热垫　后盖壳体　喷管壳体

喷管背衬

防潮盖

喷管喉衬

点火具

附图 1 – 6　内外燃管形—端燃药形双推力后盖组件

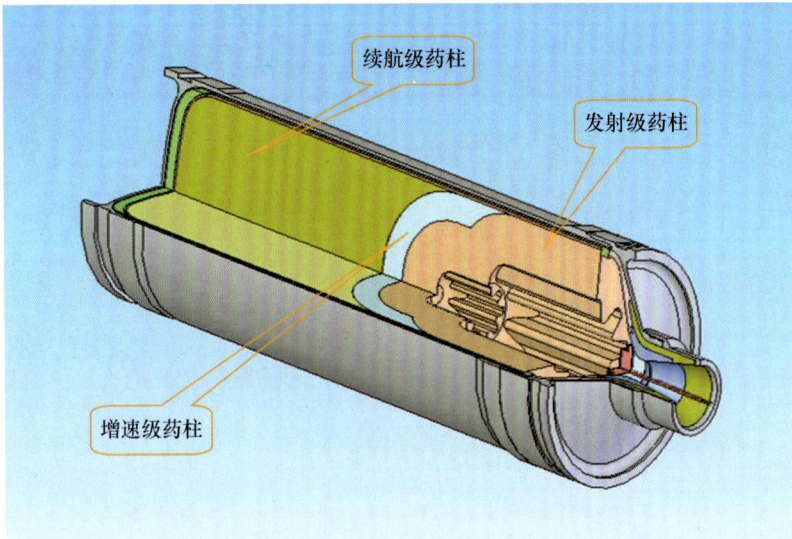

附图 1-7 双星形—端燃药形三推力发动机

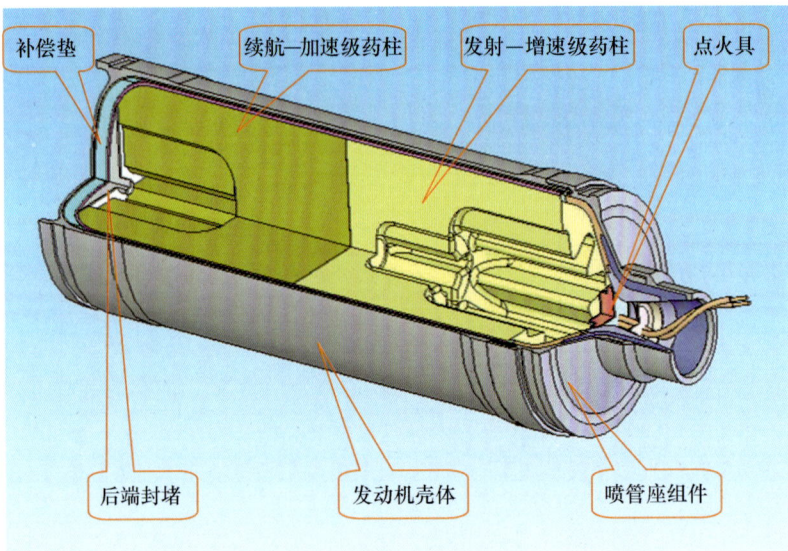

附图 1-8 星形—管槽—端燃药形四推力发动机

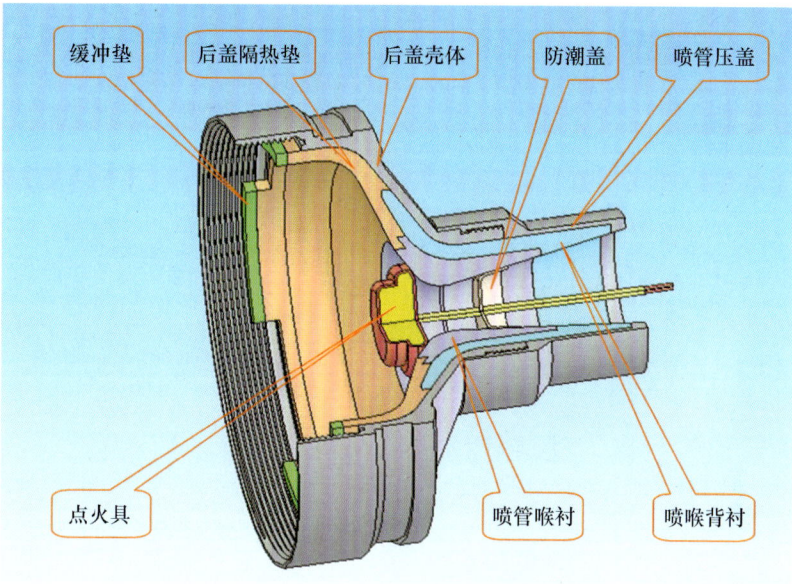

附图 1 – 9　星形—管槽—端燃药形四推力后盖组件

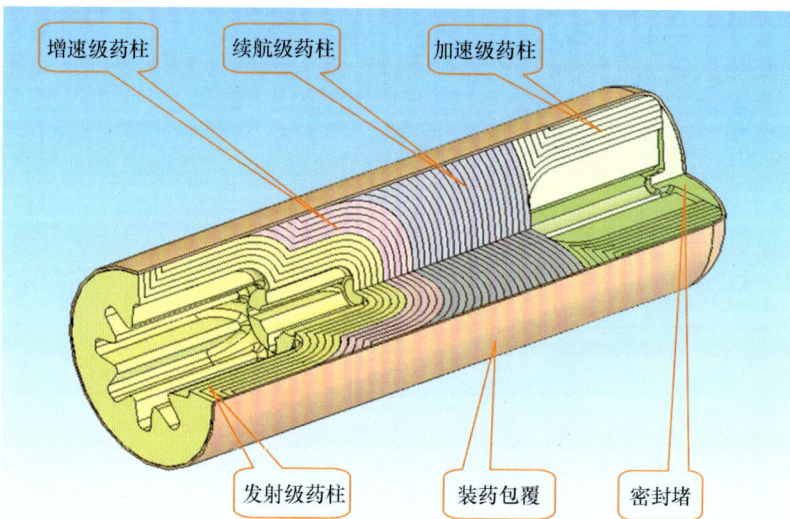

附图 1 – 10　四推力分层燃烧组合装药

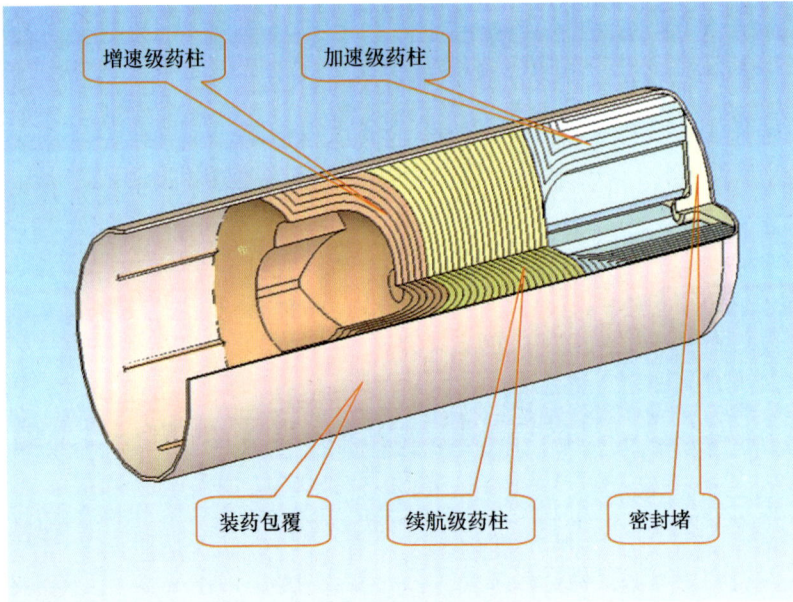

附图 1-11　发射级药柱燃完时的组合装药

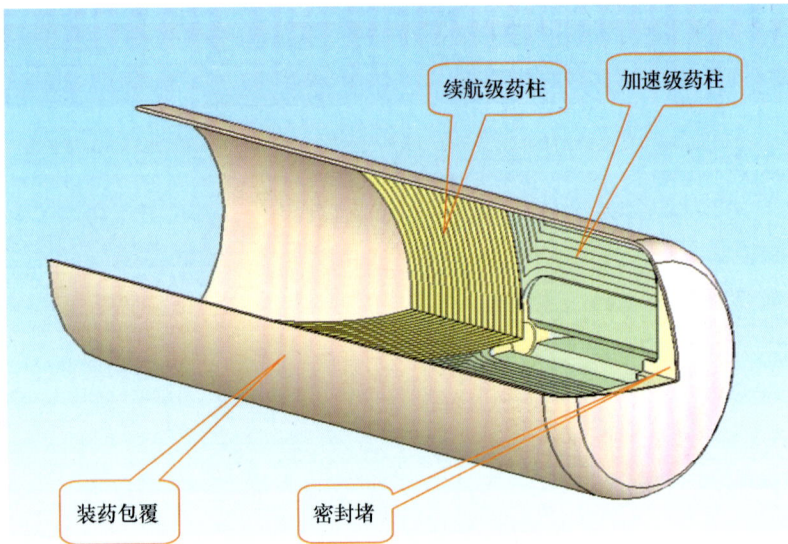

附图 1-12　发射、增速两级药柱燃完时的组合装药

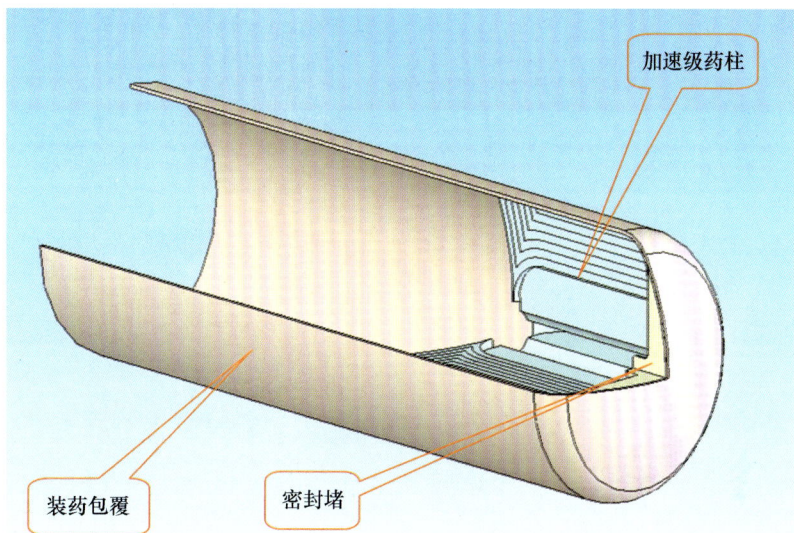

附图1 – 13 发射、增速和续航三级药柱燃完时的组合装药

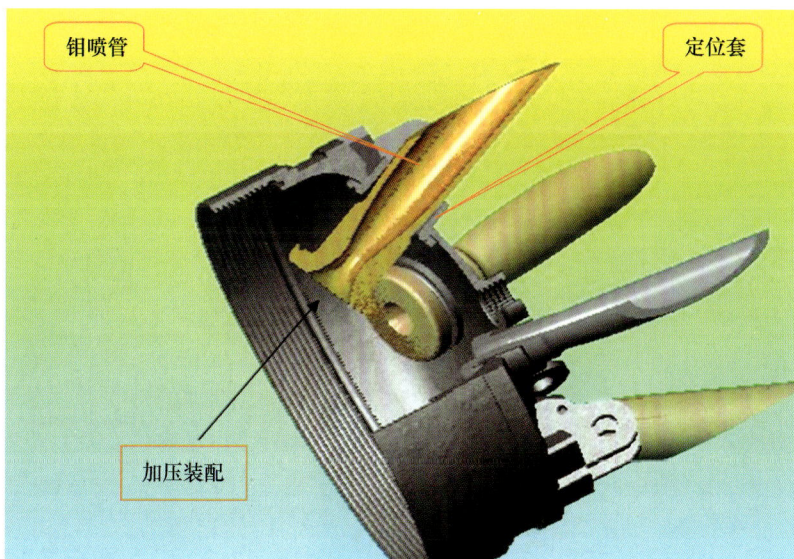

附图1 – 14 反装喷管压紧密封结构

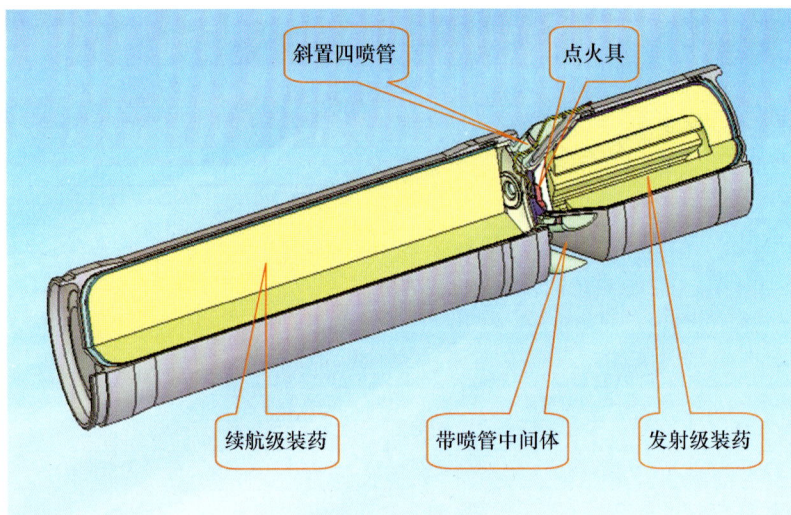

附图 1-15　双推力独立装药分立组合发动机

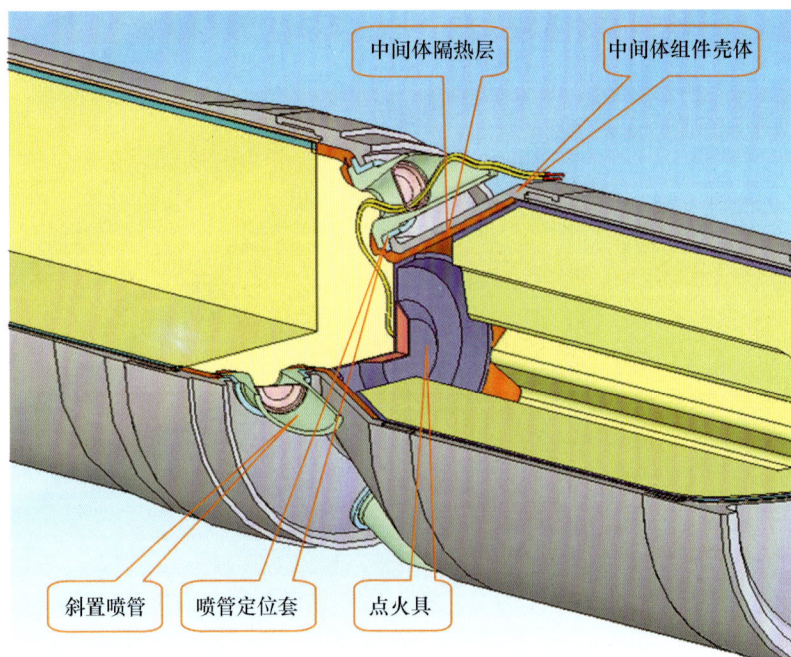

附图 1-16　带喷管的中间体结构

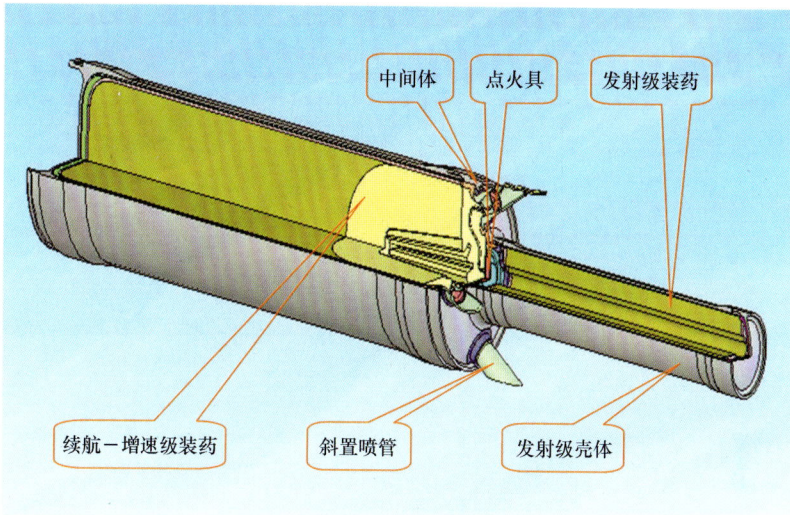

附图 1 – 17　三级推力分立式组合装药发动机

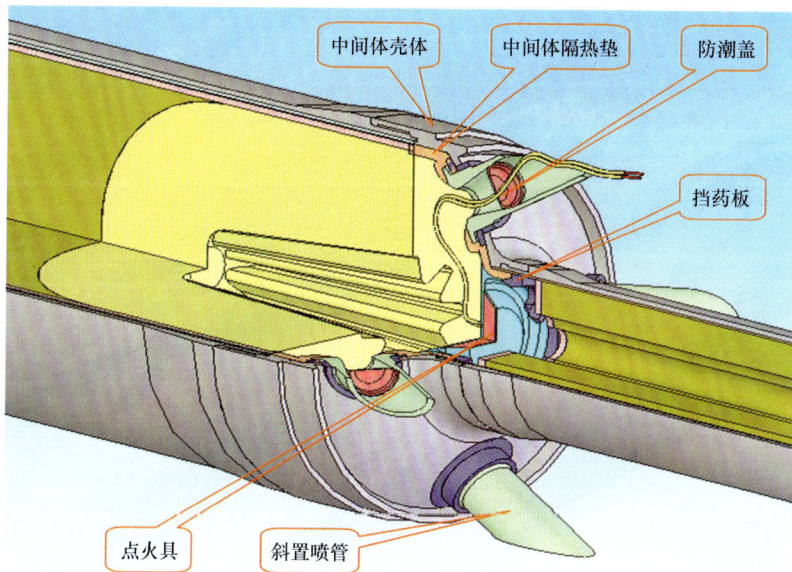

附图 1 – 18　三级推力分立式发动机中间体结构

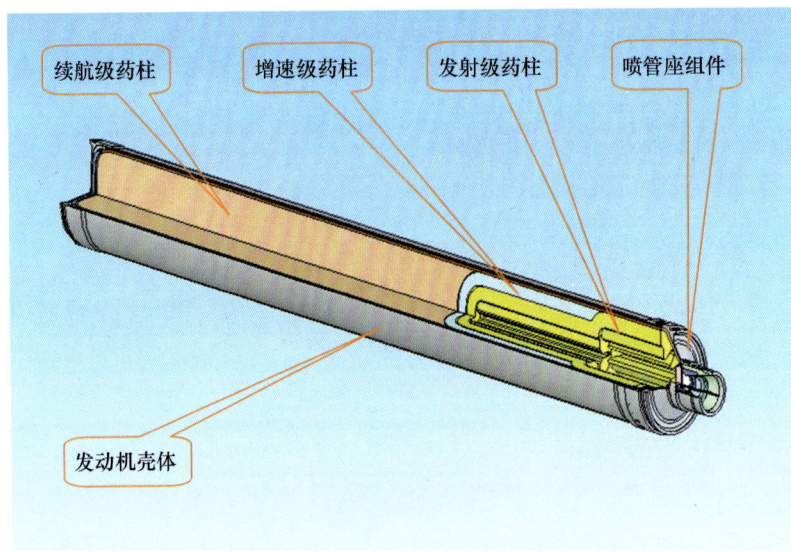

续航级药柱　　增速级药柱　　发射级药柱　　喷管座组件

发动机壳体

附图 1 - 19　远程高速多推力组合装药发动机

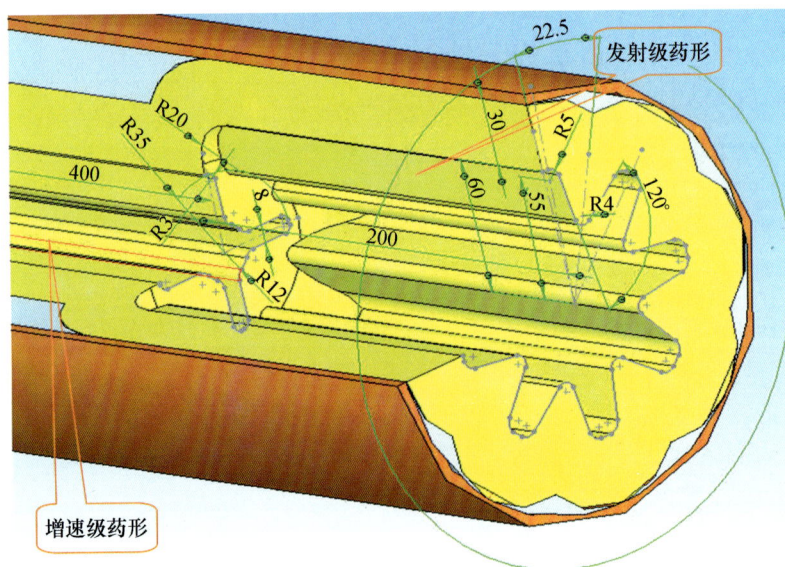

22.5　发射级药形

R20

R35

R5

400

R3

8

60　55　R4

200

120°

R12

增速级药形

附图 1 - 20　远程高速多推力组合装药药形参数

附录 2 多推力组合装药药形参数三维图

三维图按图号给出第 4 章中各多推力组合装药的药形参数及名称,以供查阅。

1. 星形—端燃双推力组合药形参数

D_p—药柱外径, E_1—燃层厚度, L—特征长度, h—星孔深度, n—星角数, θ—星边夹角, r—星根圆半径, r_1—星顶圆半径, E^*—星角系数, R_g—星孔与端燃面过渡半径, L_g—过渡段长度, R_{gc}—端燃药形终燃面与外侧燃面过渡圆弧半径, R_{gd}—端燃药形终燃面底部圆弧半径, L_p—组合药柱总长。

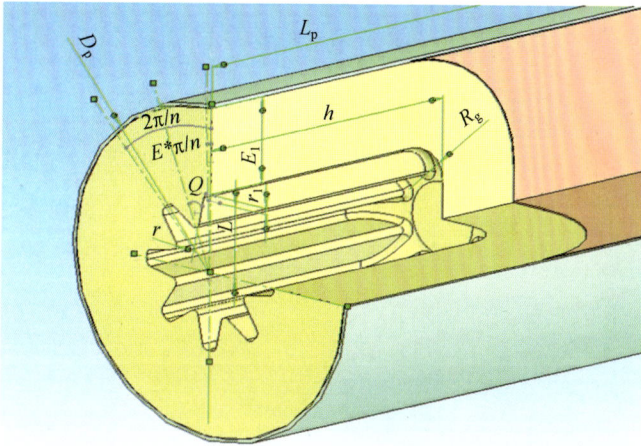

附图 2-1 (图 4-9)星形—端燃组合药形几何参数

2. 管槽药形—端燃双推力组合药形参数

D_p—药柱外径, E_1—燃层厚度, L_c—管槽深度, n—开槽数, h_c—槽宽, D_c—槽顶圆直径, R_{gc}—过渡圆半径, r_g—管形端面过渡半径, L_g—过渡段长度, L_p—组合药柱总长。

3. 内外燃管形－端燃双推力组合药形参数

D_p—药柱外径, D_w—内外燃管形药柱的外径, e_1—单向燃层厚度, L_s—管孔深度, R_i—内孔过渡圆半径, R_w—外圆过渡半径, L_{pF}—发射级药长, L_p—组合药柱总长。

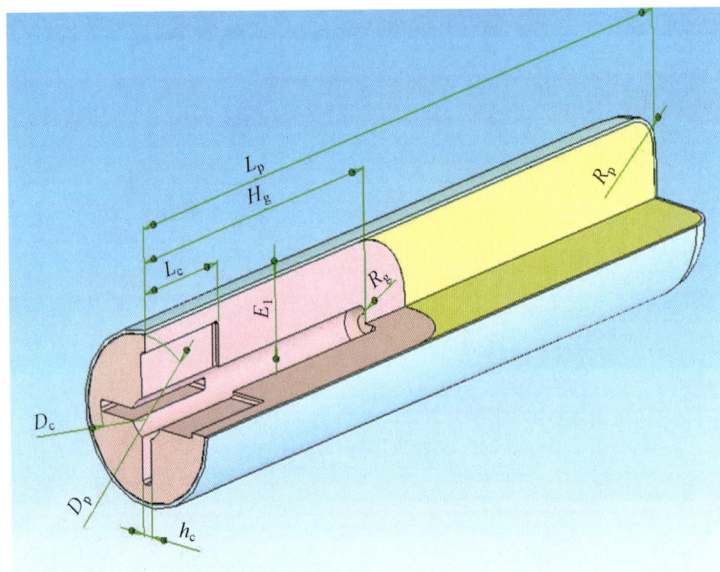

附图 2 - 2　（图 4 - 16）发射级管槽药形几何参数

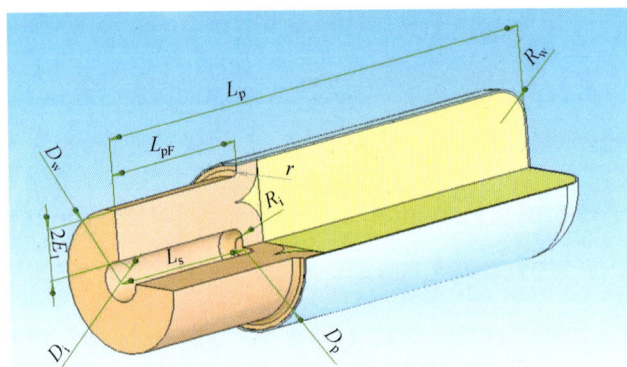

附图 2 - 3　（图 4 - 19）发射级内外燃管形药形组合装药及几何参数

4. 环形—端燃双推力组合药形参数

药柱外径 D_p、环槽外径 D_{cm}、燃层厚度 E_1、环槽深度 L_{cs}、环槽内径 D_{cn}、环槽过渡圆半径 R_g、发射级药长 L_{pF} 及组合药柱总长 L_p。

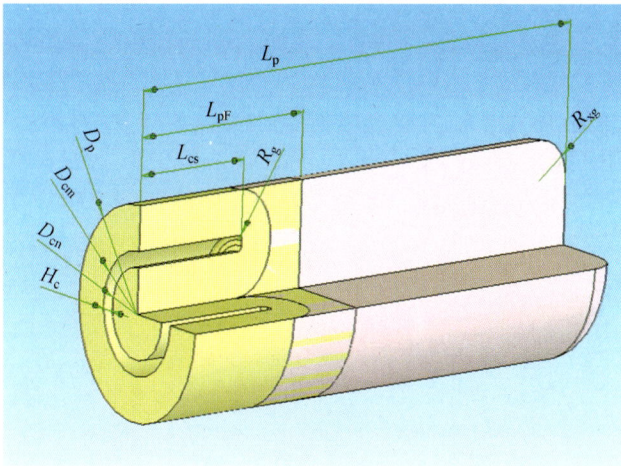

附图 2 – 4 （图 4 – 22）发射级环形药形几何参数

5. 双星孔三推力组合药形参数

D_p—药柱外径，E_{F1}—燃层厚度，h_F—星孔深度，h_0—总深度，n—星角数，θ—星边夹角，r_F、r_Z—星顶圆半径，r_{F1}、r_{Z1}—星根圆半径，E_F、E_z—星角系数，R_g—双星孔间过渡圆弧半径，R_d—端燃面过渡半径，L_g—过渡段长度，L_p—组合药柱总长。

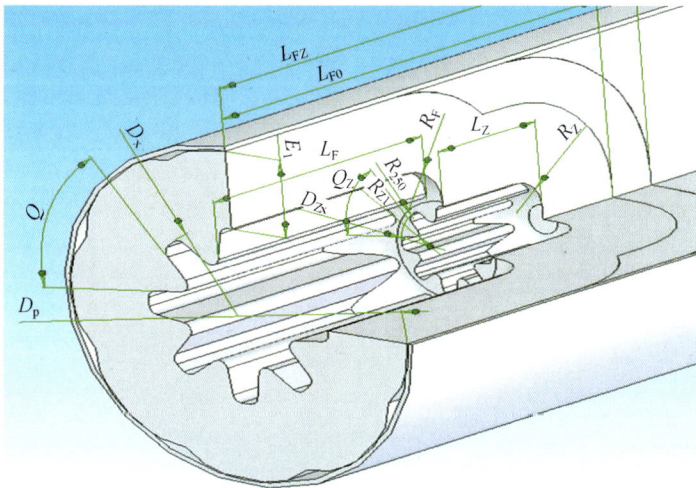

附图 2 – 5 （图 4 – 25）三推力双星孔药形参数

6. 四推力发射级星形与增速级槽形组合药形参数

发射级星形:D_p—药柱外径,n_F—星角数,Q—星边夹角,E_F—燃层厚度,L_F—特征长度,R—星尖半径,R_1—星根半径,E^*—星角系数,L_F—发射级星孔深度。

增速级管槽药形:L_Z—槽深,n_Z—开槽数,H_Z—槽宽,D_{cZ}—槽顶圆直径,R_{Zg}—过渡圆半径,R_Z—管形端面过渡半径,D_Z—内孔直径。

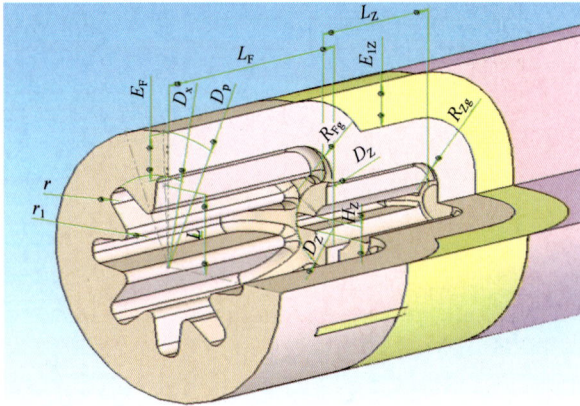

附图 2 - 6　(图 4 - 29)四推力发射—增速级组合药形几何参数

7. 四推力续航端燃与加速级槽形组合药形参数

续航级药形:D_p—续航药柱直径,L_{xp}—续航药柱长度。

加速级药形:L_j—槽深,n_j—开槽数,h_j—槽宽,D_{cj}—槽顶圆直径,R_j—过渡圆半径。

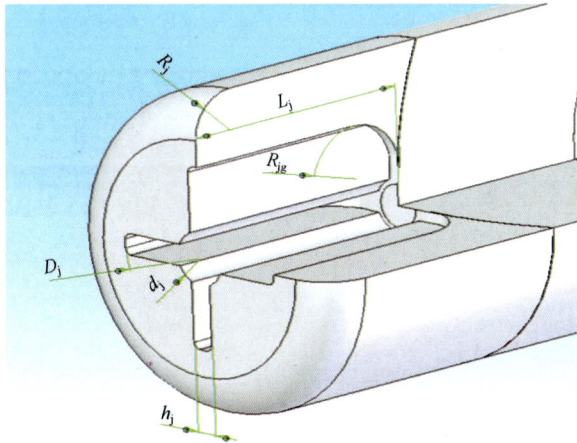

附图 2 - 7　(图 4 - 30)四推力续航—加速级组合药形几何参数

参 考 文 献

[1] 张平,孙维申,眭英.固体火箭发动机原理.北京:北京理工大学出版社,1992.

[2] 王元有,等.固体火箭发动机设计.北京:国防工业出版社,1984.

[3] 张吉瑞,等.固体火箭推进剂.北京:国防工业出版社,1991.

[4] 李宜敏,张中钦,张远君.固体火箭发动机原理.北京:北京航空航天大学出版社,1991.

[5] 孙维申.固体火箭发动机不稳定燃烧.北京:北京工业学院出版社,1988.

[6] 眭英,胡克娴.固体火箭发动机.北京:北京理工大学出版社,1990.

[7] 华自强,张中进.工程热力学.北京:高等教育出版社,1988.

[8] 朱明勤.固体推进剂的应用.火炸药,1983,(3).

[9] 王克秀,李葆萱,吴心平.固体火箭推进剂的燃烧.北京:国防工业出版社,1984.

[10] 卜昭献,周玉燕,杨月先.固体火箭发动机手册.北京:国防工业出版社,1988.

[11] 苗瑞生,居贤铭.火箭气体动力学.北京:国防工业出版社,1988.

[12] 萨登 G P,等.火箭发动机基础.北京:科学出版社,2003.

[13] 王守范.固体火箭发动机燃烧与流动.北京:北京工业学院出版社,1987.

[14] 张平.燃烧诊断学.北京:兵器工业出版社,1988.

[15] 何洪庆,等.固体火箭发动机气体动力学.西安:西北工业大学出版社,1988.

[16] 宁晃,高歌.燃烧室气动力学.北京:科学出版社,1987.

[17] 叶万举,常显奇,曹泰兵.固体火箭发动机工作过程理论基础.长沙:国防科技大学出版社,1985.

[18] 董师颜,张兆良.固体火箭发动机原理.北京:北京理工大学出版社,1996.

[19] 孙万玲.X射线检验问答.北京:国防工业出版社,1984.

[20] 莱兹别格 B A,等.固体火箭系统工作过程理论基础.刘光宇,梅其志,译.北京:国防工业出版社,1987.

[21] 维尼茨基 AM.固体火箭发动机.张吉瑞,等,译.北京:国防工业出版社,1981.

[22] Lilley J S. The Design and Optimization of Propulsion Systems Empioying Scarfed Nozzles. July 8 – 10,1985.

内 容 简 介

　　本书结合单室多推力固体推进剂发动机的研发与应用,较全面地介绍了发动机总体设计、结构设计、组合装药设计及主要制造工艺等方面的特点,阐述了这种类型发动机设计的理论依据,并以设计实例,较系统地给出了从单室双推力到四推力发动机的工程设计方法。

　　本书主要供从事固体推进剂发动机设计、研制等科技人员,以及推进剂研发和装药制造等科技人员参考。

　　The book combines the development and application of single chanber multi − thrust solid propellant motors, representing a comprehensive introduction to the characteristics of the overall design of motor, structural design, a combination of charge design and principal manufacturing process,elaborated the theory of this type of motor design and based design examples given from a single chamber double thrust to four thrust motor engineering design method.

　　The book mainly for scientific and technical personnel engaged in solid pro-pellant engine design, development, and other reference propellant R & D and manufacturing charge.